环境监测与治理探索

◎葛红林 屈森虎 张喜艳 著

湘潭大学出版社
XIANGTAN UNIVERSITY PRESS

前　言

近几年,随着经济的发展,人与自然之间的矛盾越来越突出,环境污染问题日益凸显。环境污染一方面造成了资源的浪费,另一方面还会危害人类身体健康,不仅限制了社会的进一步发展,还对人类健康造成了威胁。环境监测与治理技术作为现代环境科学的重要部分,在环境保护和治理的过程中扮演着至关重要的角色。为了促进我国经济持续稳定地增长,促进可持续发展,减少资源浪费,保护人体健康,维护生态环境,我们需要把环境监测和治理技术重视起来,切实应用到环境保护当中。

环境监测是准确、及时、全面地反映环境质量现状及发展趋势的技术手段,为环境科学研究、环境规划和环境保护等提供不可缺少的基础数据和重要信息。环境监测是环境保护工作的基础,是执行环境保护法规的依据,是污染治理不可缺少的重要手段。假设人类不采取环境监测措施,所开展的有关环境治理的举措便缺少步骤,显得没有顺序;更加清晰地说,假如不事先进行环境监测,接下来的活动可以说是很难开展的。所以,这项任务是环境治理中必不可少的关键步骤。

环境监测活动的开展需要科学合理的监测设备和高科技人员的储备,假如不具备这样的高端设施和人才,便无法有序地开展监测活动,致使下达的指令没办法完成,工作没有进展。所以,环境的科学治理不是一蹴而就的,需要长期的积累。我国对环境问题的重视程度与日俱增,对于环保监督工作越来越密集,环保工作是利国利民的,民众需要长期坚持把环保工作做到位。

目前,我国环境监测和治理技术还存在着诸多问题,需要在未来的发展和进步中进行解决。在发展过程中,需要结合技术优势,实现综合发展,提高环境监测与环境治理技术。提高环境治理与环境监测技术不仅有利于解决我国的环境问题,维护我国的生态环境,促进人与自然的和谐发展,还能够减少浪费和节约资源,实现经济可持续发展,促进社会的进步和人们生活水平质量的提高。因此,我们要重视环境治理与环境监测的研究,进一步促进我国环境保护和改善。

目　录

第一章 环境概论

在茫茫宇宙中,地球是迄今发现存在智能生物的唯一天体。人类是在地球的特定环境中,经过漫长的进化,才得以产生、繁衍和发展,并创造了日益灿烂的文明。随着社会生产力的发展和经济规模的不断扩大,特别是科学技术的突飞猛进,人类改造自然的规模空前扩大,从自然获取的资源也越来越多,随之,排放的废弃物也与日俱增。其中,有些成分会引起环境质量的下降,影响人类和其他生物的生存和发展,从而产生了环境问题。例如,酸雨、臭氧层耗竭、有毒有害化学品和废弃物的转移和扩散等造成的环境危害和破坏,已引起人们极大的关注。

环境保护是我国的一项基本国策,随着社会的不断前进,环境保护工作越来越引起人们的关心和重视。1992年,联合国"环境与发展"大会以后,"实行可持续发展战略,促进经济与环境协调发展"已成为世界各国的共识。中国对此做出了积极的响应,并制定了一系列与环境保护和可持续发展有关的宏观政策、计划和方案。实践证明,以消耗大量资源、粗放经营为特征的传统经济发展模式,经济效益低,能耗大,排污量大,不但环境质量必然会不断恶化,损害人民健康,而且经济也难以持续发展。我国的国情决定了我们必须坚持发展,但发展并不是一味追求GDP的增长,而是把环境保护与经济建设问题一体考虑,经济、社会和环境协调发展。要完成这样一项艰巨的任务,就要彻底地通晓人类经济活动和社会行为对环境变化过程的影响,掌握其变化规律,提高对环境质量变化的识别,培养分析和解决环境问题的技能,增强保护和改善环境的责任感和自觉性。

第一节 环境与环境问题

一、环境的定义

环境是人类进行生产和生活活动的场所,是人类生存和发展的物质基础。我们要以辩证的观点来认识"环境"。环境总是相对于某项中心事物而言的,它因中心事物的不同而不同,随中心事物的变化而变化。在环境科学中一般认为,环境是以人类为主体的一切外部空间,即人类生存、繁衍所需的一切物质条件的综合体。世界各国根据各自的情况,在环境保护法规中都有具体的环境概念。在《中华人民共和国环境保护法》中明确指出:"本法所称环境,是指影响人类生存和发展的各种天然的和经过人工改造的自然因素的总体,包括大气、水、海洋、土地、矿藏、森林、草原、野生生物、自然遗迹、人文遗迹、自然保护区、风景名胜区、城市和乡村等。"因此,对人类来说,环境就是人类的生存环境。

恩格斯在《自然辩证法》中写道:"人的生存条件,并不是当他刚从狭义的动物中分化出来的时候就现成具有的,这些条件只是由以后的历史发展才造成的。"这就是说,人类的生存环境不是从来就有的,它的形成经历了一个漫长的发展过程。在地球的原始地理环境刚刚形成的时候,地球上没有生物,当然更没有人类,只有原子、分子的化学及物理运动。在大约35亿年前,在太阳紫外线的辐射以及来自地球内部的内能和来自太阳的外能共同作用下,地球水域中溶解的无机物转变为有机物,进而形成有机大分子,出现了生命现象。大约在30多亿年前出现了原核生物,最初生物是在水里生存的,直到绿色植物出现。绿色植物通过叶绿体利用太阳能对水进行光解,释放出氧气。大约在2亿~4亿年以前,大气中氧的浓度趋近于现代的浓度,并在平流层形成了臭氧层。绿色植物(自养型生物)的出现和发展繁茂,以及臭氧层的形成对地球的生物进化具有重要意义。臭氧层吸收太阳的紫外线辐射,成为地球上生物的保护层。在距今2亿多年前出现了爬行动物,随后又经历了相当长的时间,哺乳动物的出现及森林、草原的繁茂为古人类的诞生创造了条件。

在距今大约200万~300万年前出现了古人类。人类的诞生使地表环境的发展进入了一个高级的、在人类的参与和干预下发展的新阶段,即人类与其生存环境辩证发展的新阶段。人类是物质运动的产物,是地球的地表环境发展到一定阶段的产物。环境是人类生存与发展的物质基础,所以人类与其生存环境是统一的。人与动物有本质的不同,人通过自身的行为来使自然界为自己服务,来支配自然界。但是正如恩格斯在《自然辩证法》中所说的:"我们不要过分陶醉于我们对自然界的胜利。对于每一次这样的胜利,自然界都报复了我们。每一次胜利,在第一步确实都取得了我们预期的结果,但是在第二步和第三步却有了完全不同的、出乎意料的影响,常常把第一个结果又取消了"。因而人类与其生存环境又有对立的一面。人类与环境这种既对立又统一的关系,表现在整个"人类-环境"系统的发展过程中。人类通过自己的劳动来利用和改造环境,把自然环境转变为新的生存环境,而新的生存环境又反作用于人类。在这一反复曲折的过程中,人类在改造客观世界的同时,也改造人类自己。这不仅表现在生理方面,而且也表现在智力方面。这充分说明,人类由于伟大的劳动,摆脱了生物规律的一般制约,进入了社会发展阶段,从而给自然界打上了人类活动的烙印,并相应地在地表环境又形成了一个新的智能团或技术圈。我们今天赖以生存的环境,就是这样由简单到复杂,由低级到高级发展而来的。它既不是单纯由自然因素构成,也不是单纯由社会因素构成,而是在自然背景的基础上,经过人工改造、加工形成的。它凝聚着自然因素和社会因素的交互作用,体现着人类利用和改造自然的性质和水平,影响着人类的生产和生活,关系着人类的生存和发展。因此,我们要用发展的和辩证的观点来认识环境。

二、环境问题及其发展

所谓环境问题,是指由于环境受破坏而引起的后果,或者是引起破坏的原因。第一环境问题(原生环境问题)是由于自然界本身的变异而造成的环境破坏,往往是区域性的或局部的。而人类的生产、生活活动等人为因素所引起的环境问题为第二环境问题(次生环境问题)。环境科学与环境保护所研究的主要对象是第二环境问题。环境问题是伴随着人类社会的产生而产生的,是随着人类社会的发展而加剧的,人类对环境问题的认识也是在人类社会的发展中不断加深的。

第二环境问题一般可分为两类:一是不合理开发利用自然资源,超出了环境承载力,使生态环境质量恶化或自然资源枯竭的现象;二是人口激增、城市化和工农业高速发展引起的环境污染和破坏。总之,第二环境问题是人类经济社会发展与环境的关系不协调所引起的问题。

　　人类是环境的产物,又是环境的改造者。人类在同自然界的斗争中,运用自己的智慧,通过劳动,不断改造自然,创造新的生存环境。由于人类的认识能力和科学技术水平的限制,在改造环境的过程中,往往会造成对环境的污染和破坏。因此,从人类开始诞生就存在着人与环境的对立统一关系,就出现了环境问题。随着人类社会的发展,环境问题也在发展变化,其发展大体经历了四个阶段。

(一)环境问题萌芽阶段(工业革命以前)

　　人类在诞生以后很长的岁月里,只是天然食物的采集者和捕食者,对环境的影响不大。那时"生产"对自然环境的依赖十分突出,人类主要是以生活活动、以生理代谢过程与环境进行物质和能量转换,主要是利用环境,而很少有意识地改造环境。如果说那时也发生"环境问题"的话,则主要是由于人口的自然增长和盲目地乱采乱捕、滥用资源而造成生活资料缺乏,而引起的饥荒问题。为了解除这种环境威胁,人类被迫学会了吃一切可以吃的东西,以扩大和丰富自己的食谱,或是被迫扩大自己的生活领域,学会适应在新的环境中生活的本领。

　　随后,人类学会了培育、驯化植物和动物,开始发展农业和畜牧业,这在生产发展史上是一次大革命。而随着农业和畜牧业的发展,人类改造环境的作用也越来越明显地显示出来,同时也引发了相应的环境问题,如大量砍伐森林、过度放牧,引起严重的水土流失,水旱灾害日益加重和土壤沙漠化、盐碱化、沼泽化等,以及引起某些传染病的流行。在工业革命以前虽然已出现了城市化和手工业作坊(或工场),但工业生产并不发达,由此引起的环境污染问题并不突出。

(二)环境问题的恶化阶段(工业革命至20世纪50年代)

　　工业革命是生产发展史上的一次伟大的革命,它大幅度地提高了劳动生产率,增强了人类利用和改造环境的能力,同时也带来了新的环境问题。一些工业发达的城市和工矿区的工业企业,排出大量废弃物污染环境,使污染事件不断发生。例如,英国伦敦在此期间曾多次发生可怕的有毒烟雾事件,日本铜矿区污染农田事件,比利时马斯河谷工业区排出有害气体污染大气事件等。如果说农业生产主要是生活资料的生产,它在生产和消费中所排放的"三废"是可以纳入物质的生物循环,而能迅速净化、重复利用的,那么工业生产除生产生活资料外,它大规模地进行生产资料的生产,把大量深埋在地下的矿物资源开采出来,加工利用投入环境之中,许多工业产品在生产和消费过程中排放的"三废",都是生物和人类所不熟悉,难以降解、同化和忍受的。总之,由于蒸汽机的发明和广泛使用,大工业日益发展,生产力有了很大的提高,环境问题也随之出现且逐步恶化。

(三)环境问题的第一次高潮(20世纪50年代至20世纪80年代以前)

在此期间,震惊世界的公害事件接连不断,例如,1952年12月的伦敦烟雾事件,1961年的四日市哮喘病事件,1955—1972年的骨痛病事件等,形成了第一次环境问题的高潮。造成这些公害的因素主要有两个:一是人口迅猛增加,都市化的速度加快。刚进入20世纪时世界人口为16亿,至1950年增至25亿,20世纪50年代之后,1950—1968年就由25亿增加到35亿(增加了10亿),而后,人口由35亿增至45亿只用了12年(1968—1980年),到1987年增至50亿,而在1999年10月12日这一天人口达到60亿。二是石油工业的崛起导致工业不断集中和扩大,能源消耗大增。1990年世界能源消费量还不到10亿吨煤,至1950年就猛增至25亿吨煤;到1956年石油的消费量也猛增至6亿吨,在能源中所占的比例加大,又增加了新污染。大工业的迅速发展逐渐形成大的工业地带,而当时人们的环境意识还很薄弱,第一次环境问题高潮出现是必然的。在此历史背景下,1972年6月5日在瑞士首都斯德哥尔摩召开了《世界人类环境会议》,会议通过了《联合国人类环境会议宣言》,提出了"只有一个地球"的口号,并把6月5日定为"世界环境日"。这次会议对人类认识环境问题来说是一个里程碑。工业发达国家把环境问题摆上了国家议事日程,包括制定法律、建立机构、加强管理、采用新技术等。20世纪70年代中期环境污染得到了有效控制,使城市和工业区的环境质量有明显改善。

(四)环境问题的第二次高潮(20世纪80年代初至今)

第二次高潮是随着环境污染和大范围生态破坏而出现的。人们共同关心的影响范围大和危害严重的环境问题有三类:一是全球性的大气污染,如温室效应、臭氧层耗损和酸雨范围扩大;二是大面积生态破坏,如大面积森林被毁、淡水资源短缺、草场退化、荒漠化、野生动植物物种锐减、危险废物扩散等;三是突发性的严重污染事件迭起,例如,1984年的印度博帕尔农药泄漏事件,1986年的前苏联切尔诺贝利核电站泄漏事故,1986年的莱茵河污染事故等。与第一次高潮相比,第二次高潮中环境污染的影响范围广,对整个地球环境造成了严重的危害,已威胁到全人类的生存和发展,阻碍经济的持续发展。就污染源而言,第二次高潮出现的污染源和破坏源众多,不但分布广,而且来源复杂,既来自人类的经济再生产活动,也来自人类的日常生活活动,既来自发达国家,也来自发展中国家,解决这些环境问题只靠一个国家的努力很难奏效,要靠众多国家,甚至全球人类的共同努力才行,这就极大地增加了解决问题的难度,而且突发性的污染事件也比第一次高潮的"公害事件"污染范围大、危害严重,造成的经济损失巨大。例如,印度博帕尔农药泄漏事件,受害面积达40平方千米,据美国一些科学家估计,死亡人数在0.6万~1万人,受害人数为10万~20万人,其中有许多人双目失明或终生残疾。

可见,环境问题是自人类出现而产生的,又伴随人类社会的发展而发展,旧的问题解决了,新的问题又会出现。人与环境的矛盾是在不断运动、不断变化、永无止境的。

三、环境问题的实质

从环境问题的发展历程可知:人为的环境问题是随着人类的诞生而产生的,并随人类社会的发展而发展。从表面上来看,工农业的高速发展造成了严重的环境问题,局部虽有所改善,但总的趋势仍在恶化。因而在发达的资本主义国家出现了"反增长"的错误观点。诚然,发达的资本主义国家实行高生产、高消费的政策,过多地浪费资源、能源,应该进行控制;但是,发展中国家的环境问题,主要是由于贫穷落后、发展不足和发展中缺少妥善的环境规划和正确的环境政策造成的。因此只能在发展中解决环境问题,既要保护环境,又要促进经济发展。只有处理好发展与环境的关系,才能从根本上解决环境问题。

综上所述,造成环境问题的根本原因是对环境的价值认识不足,缺乏妥善的经济发展规划和环境规划。环境是人类生存发展的物质基础和制约因素。随着人口的增长,从环境中取得食物、资源、能源的数量必然要增长。而环境的承载能力和环境容量是有限的,如果人口的增长、生产的发展不考虑环境条件的制约作用,超出了环境的允许极限,那就会导致环境的污染和破坏,造成资源的枯竭和人类健康的损害。国际、国内的事实充分说明了上述论点。因此,环境问题的实质是由于盲目发展生产、不合理地开发利用资源而造成的环境质量恶化和资源浪费,甚至枯竭和破坏。

因此,人类应该合理地保护和利用自然环境和资源,而不是对其进行掠夺性的破坏和榨取。即应采取对人类的总资源进行最佳利用的管理工作。当资源以已知的最佳方法来利用,以求达到社会为其本身所树立的目标时,考虑到已知的或预计的经济效益、社会效益和环境效益,进行综合分析,优化开发利用资源的规划方案,那么资源的利用是合理的。资源的不合理利用是由于对资源的价值认识不足,没有谨慎地选择利用的方法和目的,因而造成资源的不合理利用和浪费。不合理利用和消费资源的两个结果是资源枯竭和资源的破坏,对不可更新或不可再生的资源来说更为明显,这里也包括野生动、植物物种的灭绝。因此,必须合理地利用资源,尽量采取对环境产生最小有害影响的技术,并进一步研究如何根据长期的、综合性的计划和水、大气、土壤三种资源的经济与社会价值,来设计一个低消耗、高效益的社会经济系统,这才是解决环境问题的根本途径。

第二节 环境科学

一、环境科学及其发展

自环境问题产生以来,人类就不断地为认识和解决环境问题而努力,环境问题促成了环境科学的诞生和发展,时至21世纪的今天,环境科学已形成庞大的跨学科的研究系统。

环境科学作为一门科学,产生于20世纪五六十年代。然而人类关于环境必须加以保护的认识则可追溯到人类社会的早期。我国早在春秋战国时期就有所谓“天人关系”的争论。孔子倡导“天命论”,主张“尊天命”,认为天命不可抗拒,成为近代地球环境决定论的先驱。荀子则与其相反,针锋相对地提出“天人之分”,主张“知天命而用之”,认为“人定胜天”。在古埃及、希腊、罗马等地也有过类似的结论。到了20世纪五六十年代,全球性的环境污染与破坏,引起人类思想的极大震动和全面反省。1962年,美国海洋生物学家R.Carson出版了《寂静的春天》一书,通俗地说明杀虫剂污染造成严重的生态危害。该书是人类进行全面反省的信号。可以认为,以此为标志,近代环境科学开始产生并发展起来。环境科学在短短的几十年内,出现了两个重要历史阶段。

第一阶段是直接运用地理学、生物学、化学、物理学、公共卫生学、工程技术科学的原理和方法,阐明环境污染的程度、危害和机理,探索相应的治理措施和方法。由此发展出环境地理学、环境生物学、环境化学、环境物理学、环境医学、环境工程学等一系列新的边缘性分支学科。污染防治的实践活动表明,有效的环境保护同时还必须依赖于对人类活动和社会关系的科学认识与合理调节,因此又涉及许多社会科学的知识领域,并相应地产生了环境经济学、环境管理学、环境法学等,这一系列自然科学、社会科学、技术科学等新分支学科的出现和汇聚标志着环境科学的诞生。这一阶段的特点是直观地确定对象,直接针对环境污染与生态破坏现象进行研究。在此基础上发展起来的具有独立意义的理论,主要是环境质量学说。其中包括环境中污染物质迁移转化规律、环境污染的生态效应和社会效应,环境质量标准和评价等科学内容。这一阶段的方法论是系统分析方法的运用,寻求对区域环境污染进行综合防治的方法,寻求局部范围内既有利于经济发展又有利于改善环境质量的优化方案。因此,这一阶段出现环境科学的第一个定义,即环境科学是关于环境质量及其保护与改善的科学。

由于环境问题在实质上是人类社会行为失误造成的,是复杂的全球性问题,要从根本上解决环境问题,必须寻求人类活动、社会物质系统的发展与环境演化三者之间的统一。由此,环境科学发展到一个更高一级的新阶段,即把社会与环境的协调演化作为研究对象,综合考虑人口、经济、资源与环境等主要因素的制约关系,从多层次乃至最高层次上探讨人与环境协调演化的具体途径。它涉及科学技术发展方向的调整,社会经济模式的改变,人类生活方式和价值观念的变化等。因此,这一阶段环境科学的定义是研究环境结构、环境状态及其运动变化规律,研究环境与人类社会活动之间的关系,并在此基础上寻求正确解决环境问题,确保人类社会与环境之间协调演化、持续发展的具体途径的科学。

二、环境科学的研究对象与任务

环境科学的研究对象是"人类–环境"系统,这是一个既包括自然界又包括人类本身的复杂系统。自然环境的发生与发展,主要受自然规律支配,人类的发生与发展既受自然规律的支配又受社会规律的制约,人类又反作用于环境,构成错综复杂的关系。

环境科学的研究任务是研究人类与环境的关系,掌握人类与环境的变化发展规律,以便能动地顺应环境和改造环境,促使环境朝着有利于人类的方向演化。

在我国国家自然科学基金的项目指南中,对于环境科学研究的对象和任务是这样表述的:环境科学的研究对象是人类环境的质量结构与演变。环境科学的任务在于揭示社会进步。经济增长与环境保护相协调发展的基本规律,研究保护人类免于环境因素负影响,保护环境,免于人类活动的负影响以及为提高人类健康和生活水平而改善质量的途径。

三、环境科学的特点

环境科学以"人类–环境"系统(人类生态系统)为特定的研究对象,具有如下几个特点。

(一)综合性

环境科学是在20世纪60年代随着经济高速发展和人口急剧增加形成的第一次环境问题高潮而兴起的一门综合性很强的重要学科。它涉及的学科面广,具有自然科学、社会科学、技术科学交叉渗透的广泛基础,几乎涉及现代科学的各个领域。同时,它的研究范围也涉及人类经济活动和社会行为的各个领域,包括管理、经济、科技、军事等部门及文化教育等人类社会的各个方面。环境科学的形成过程、特定的研究对象,以及非常广泛的学科基础和研究领域,决定了它是一门综合性很强的重要的新兴学科。

(二)人类所处地位的特殊性

在"人类–环境"系统中,人与环境的对立统一关系具有共轭性,并呈正相关。人类对环境的作用和环境的反馈作用相互依赖,互为因果,构成一个共轭体。人类对环境的作用越强烈,环境的反馈作用也越显著。人类作用呈正效应时(有利于环境质量的恢复和改善),环境的反馈作用也呈正效应(有利于人类的生存和发展);反之,人类将受到环境的报复(负效应)。

人类以"人类-环境"系统为对象进行研究时,人不仅是观察者、研究者,而且也是"演员"。环境科学理论的确证或否证既不同于自然科学,也不同于社会科学。因为人类社会存在于人类自身的主观决策过程中,一些环境科学专家对未来的预测如果实现了,无疑是对其理论的确证。如果未来环境问题的实际情况与预言的不一样,可以说是否证了该理论。但是,由于人类有决策作用,可能正是由于预言的作用才提醒人们及早做出决策,采取有力措施避免出现所预言的不利于人类的环境问题(环境的不良状态)。从这个意义上说,即使是被否证的理论有时也是很有意义的。这是环境科学的又一重要特点。

(三)学科形成的独特性

环境科学的建立主要是以从旧有经典学科中分化、重组、综合、创新的方式进行的,它的学科体系的形成不同于旧有的经典学科。在萌发阶段,是多种经典学科运用本学科的理论和方法研究相应的环境问题,经分化、重组,形成了环境化学、环境物理等交叉的分支学科,经过综合形成了多个交叉的分支学科组成的环境科学。而后,以"人类-环境"系统(人类生态系统)为特定研究对象,进行自然科学、社会科学、技术科学等跨学科的综合研究,创立人类生态学、理论环境学的理论体系,逐渐形成环境科学特有的学科体系。

四、环境科学的内容和分科

(一)环境科学研究的主要内容

环境科学研究的内容十分丰富,目前还处在蓬勃发展之中,所以还很难把它定为一个成熟的学科体系。环境科学主要是运用自然科学和社会科学等相关学科的理论、技术和方法来研究环境问题的科学。环境科学的研究内容大致可归纳为以下几个方面:①人类和环境的关系。包括人类活动对环境的影响、环境变化对人类活动的制约等。②环境质量的基础理论,包括环境质量状况的综合评价,污染物质在环境中的迁移、转化、增大和消失的规律,环境自净能力的研究,环境的污染破坏对生态的影响,环境容量与环境承载力评估等。③环境污染的控制与防治,包括环境污染源调查,监测,控制工程,防治措施、污染物排除、分离、转化、资源化处理技术,自然资源合理利用,开发利用与保护等。④环境监测分析技术、环境质量预报技术、污染物生态监测与治理预报等。⑤环境污染与人体健康的关系,环境污染危害,特别是环境污染所引起的致癌、致畸和致突变的研究及防治。⑥环境管理、环境区域规划、环境专业规划、生态规划和生态环境规划等。⑦环境可持续发展,主要包括区域可持续发展模式与评价、资源可持续利用、循环经济发展战略、生态工业园规划设计等。

(二)环境科学的分科

环境科学是综合性的新兴学科,已逐步形成多种学科相互交叉渗透的庞大的学科体系。但当前对其学科分科体系尚有不同的看法。现仅就我们现有的认识水平,将环境科学按其性质和作用划分为三部分:基础环境学、应用环境学及环境学。

基础环境学与应用环境学是基础科学(如物理、化学、生物等)和应用科学(如工程技术、管理科学等)等多种学科从各自的角度应用本学科的理论和方法研究解决环境问题而产生的学科分支,有些学科分支在环境科学形成以前就已经形成。这些学科分支是从一个或几个老的学科交叉渗透中产生出来的新分支。这些新分支已不同于原来的老学科,因为它有新的特定研究对象——"人类–环境"系统,但它又是从老学科派生出来的,其理论体系与老学科仍有从属关系。

环境工程是在人类同环境污染作斗争,保护和改善人类生存环境的过程中形成的。以开发和保护水资源为例,中国早在公元前2300年左右就创造了凿井技术,促进了村落和集市的形成。后来为了保护水源,又建立了持刀守卫水井的制度。从给排水工程来说,中国在公元前2000多年前就用陶土管修建了地下排水道。古代罗马大约在公元前6世纪就已开始修建地下排水道。中国在明朝以前开始采用明矾净水。英国在19世纪初开始用沙漏法净化自来水,在19世纪末采用漂白粉消毒。在污水处理方面,英国在19世纪中叶开始建立污水处理厂,20世纪开始采用活性污泥法(生化法)处理污水。随后,排水工程、卫生工程等逐步发展,形成了一门技术科学。

20世纪以来,根据化学、物理学、生物学、地理学、医学等的基础理论,运用卫生工程、给排水工程、化学工程、机械工程等技术原理和手段,研究解决大气环境、水环境、固体废物、声环境等的污染问题,使治理技术有了较大的发展,逐渐形成了治理技术的单元操作、单元过程以及某些水体和大气污染治理工艺系统。1962年美国出版了第一期《环境工程》杂志,环境工程学逐渐形成。这是由多个老学科交叉渗透产生的新分支学科。

其他分支学科也有大体类似的形成过程。有的学科类型很难严格划分，例如，环境医学是介于基础环境学与应用环境学之间的分支学科。

环境学与以上两类不同，它形成的时期较晚。20世纪70年代中期发展起来的人类生态学综合运用环境生物学、环境地学、经济学、社会学等各种基础理论，统一研究人类与环境系统相互作用的规律及其原理，使环境科学逐步形成独立的、统一的、环境学的理论核心和基础。它不再从属于老学科的理论体系，而是开始建立环境科学独立的学科体系。20世纪70年代末开始出现了理论环境学，它的主要任务是研究人类生态系统的结构和功能、生态流的运行规律，以及环境质量变化对人类生态系统的影响，确定导致人类生态系统受到损害或破坏的极限，寻求调控人类环境系统的最佳方案。它的主要内容包括：环境科学的方法论、环境质量综合评价的理论和方法、环境综合承载力的分析、经济与环境协调度的分析、环境区划理论及合理布局的原理和方法、生产地域综合体优化组合的理论和方法等。最终目的是建立一套调节和控制"人类-环境"系统的理论和方法，促进人类生态系统的良性循环，为解决环境问题提供方向性和战略性的科学依据。

以理论环境学作为核心和基础，逐渐形成一个新的、独立的、不从属于老学科理论体系的环境学分科体系。环境问题涉及各行各业，关系到每个人的工作、生活和健康。因而，环境科学的内容是十分丰富的，分科是相当复杂的。

概括地说，环境科学是介于社会科学、技术科学及自然科学之间的边际科学，是一个多学科到跨学科的庞大科学体系。它的核心是环境学，自此而外形成一系列过渡性学科。

第三节 全球环境保护的发展历程

一、世界环境保护的发展历程

从20世纪中期开始，工业化进程的加快引发了多起严重的环境污染事件，这些痛苦的经历直接促成了人民群众对环境问题的觉醒和环境保护意识的产生。越来越多的人认识到环境污染的严重性以及保护环境的重要性,这样就使环境保护的问题从社会生活的边沿走向社会的中心。根据《中华人民共和国环境保护法》的规定,环境保护的内容包括"保护自然环境"与"防治污染和其他公害"两个方面。这就是说,要运用现代环境科学的理论和方法,在更好地利用自然资源的同时,充分认识污染破坏环境的根源和危害,有计划地保护环境,预防环境质量的恶化,控制环境污染,保护人体健康,促进人类与环境的协调发展。

环境保护的目的是随着社会生产力的进步,在人类"征服"自然的能力和活动不断增加的同时,运用先进的科学技术,研究破坏生态系统平衡的原因,研究人为的原因对环境的影响和破坏,寻找避免和减轻破坏环境的途径和方法,化害为利,为人类造福。

环境保护的发展历程,大致经历了限制污染物排放、被动末端治理、综合防治、经济与环境协调发展等四个阶段。

20世纪50年代,人们认识到污染物的大量排放对人类健康的巨大危害。但限于当时人们的认识水平,仅把这些严重的污染看作局部地区发生的"公害",只是采取制定限制燃料使用量及污染物排放时间的一些限制性措施。

到20世纪60年代,一些发达国家的环境污染问题日益突出,尤其是工业污染物的大量排放,引起了水体、大气和土壤等的严重污染。为此,许多国家以污染的控制为目的,采取行政措施和法律手段对"三废"进行治理。例如,日本在1967年制定了《公害对策基本法》;美国国会在1969年通过了《国家环境政策法》等。在一定程度上使局部地区的环境污染问题得到了控制,但这种被动末端治理措施,收效并不显著。

20世纪70年代,随着对环境问题认识的加深,环境保护也由单纯治理转向预防为主、防治结合的综合防治阶段。许多国家逐渐认识到环境污染危害的严重性及保护环境的重要性,采取了一系列综合防治措施,使环境污染问题得到了一定的控制,环境质量在一定程度上得到了改善。这一阶段以1972年6月5日～16日在瑞典召开的人类环境会议为标志,在世界范围内掀起了环境保护的高潮,并使人类认识到环境污染对人类和生态平衡产生的严重后果,人类生存环境的整体性危机以及地球资源的有限性。

进入20世纪80年代,人们对环境问题的认识有了更新的飞跃,进入了经济发展与环境保护相协调、加强环境管理、进行区域综合防治的阶段。在这一阶段中,解决环境问题的突出特点是将环境作为经济发展的前提和基础来看待,注重资源利用、环境保护与经济同步发展,协调人类与环境的关系;在工程建设和开发活动中,开展环境影响评价和环境规划工作,强调合理的整体规划;加大环保投资力度,健全环保法律法规,加强环保意识的宣传和教育。同时,国际环境保护合作也空前发展。

1982年在内罗毕召开的国际人类环境会议上,通过了具有全球意义的《内罗毕宣言》,表明了人类社会经济发展必须以保护全球环境为基础的鲜明观点。1983年第38届联合国大会通过并成立了世界环境与发展委员会。该委员会于1987年发表了《我们共同的未来》长篇报告。该报告指出了人类所面临的地球环境的急剧改变和生态危机对全球的挑战,系统地分析了经济、社会、环境问题,并首次提出了被普遍接受的环境与经济增长相协调的可持续发展思想。1992年,在巴西首都里约热内卢召开的由183个国家的代表团、70个国际组织的代表、102个国家的元首或政府首脑出席的联合国环境与发展大会,通过了《里约环境与发展宣言》《21世纪议程》等纲领性文件,标志着环境保护进入了全新的时期。

自20世纪70年代以来,许多国家在治理环境破坏和污染方面花费了大量的资金,例如,美国、日本等花在环境保护方面的费用达国民生产总值的1%～2%,发展中国家也将国民生产总值的0.5%～1%用于环境污染的治理。环境污染治理工作的开展,在宏观上产生了良好的社会经济效益,但由于投资过高,运行费用大,在一定程度上又制约了经济的发展。由此,人们认识到,必须主动地正确协调环境与发展的关系,走环境与经济可持续发展的道路。

二、中国环境保护的发展历程

环境保护在中国的历史源远流长。中华民族是有悠久历史文化的伟大民族,在古代文明史上长期处于世界的前列。在开发和利用自然环境和自然资源的过程中,逐步形成了一些环境保护的意识,这在《周礼》《左传》《尚书》《孟子》《荀子》《韩非子》《史记》等书中均有记载和反映。早在4000多年前大禹率众治水便是一项了不起的自然保护活动。20世纪50～70年代,中国相继颁布了有关文化古迹保护、矿产资源保护、水土保持、野生动物资源保护等一系列法规。1972年6月,中国派出代表团出席了斯德哥尔摩的联合国人类环境会议。自此,中国把环境保护工作正式列入议程。中国的环境保护起步虽然较晚但成就突出,具有自己的特色,从1973年至今共经历了三个阶段。

(一)中国环保事业的起步阶段(1973—1978年)

中国的"文化大革命"导致了一场长期性和全局性的灾难,国民经济到了崩溃的边缘,环境污染和破坏也达到了严重的程度。在环境污染和生态破坏迅速蔓延的时候,中国于1972年发生了几件较大的环境事件。

大连湾污染告急,涨潮一片黑水,退潮一片黑滩,因污染荒废的贝类滩晾地3.335多平方千米,每年损失海参1万多千克,贝类10万多千克;北京发生了鱼污染事件,市场出售的鱼有异味,经调查是官厅水库的水受污染造成的。

根据周恩来总理的指示,中国派代表团参加了1972年6月5日在斯德哥尔摩召开的人类环境会议。通过这次会议,中国代表团的成员比较深刻地了解到环境问题对经济社会发展的重大影响。决策者们开始认识到中国也存在着严重的环境问题,需要认真对待。

在这样的历史背景下,1973年8月5日至20日,在北京召开了第一次全国环境保护会议。

这次会议虽然是在特殊的历史背景下召开的,但它却标志着中国环境保护事业的开端,为中国的环保事业做出了贡献。向全国人民,也向全世界表明了中国不仅认识到存在环境的污染,而且有决心去治理污染。会议做出了环境问题"现在就抓,为时不晚"的明确结论。通过了"全面规划、合理布局、综合利用、化害为利、依靠群众、大家动手、保护环境、造福人民"的32字环境保护方针。审议通过了中国第一个全国性环境保护文件《关于保护和改善环境的若干规定(试行)》,并要求在全国范围内各地区、各部门建立环境保护机构。这一阶段开展了一系列的污染源调查与治理。但由于各种复杂的原因,虽经多方努力,却无力阻挡污染急剧恶化趋势。

(二)改革开放时期环保事业的发展(1979—1992年)

1978年12月18日,党的十一届三中全会的召开,实现了全党工作重点的历史性转变,开创了改革开放和集中力量进行社会主义现代化建设的历史新时期,我国的环境保护事业也进入了一个改革创新的新时期。

1978年12月31日,中共中央批准了国务院环境保护领导小组的《环境保护工作汇报要点》,指出:"消除污染,保护环境,是进行社会主义建设,实现四个现代化的一个重要组成部分……我们绝不能走先建设、后治理的弯路。我们要在建设的同时就解决环境污染的问题。"这是在中国共产党的历史上,第一次以党中央的名义对环境保护做出的指示,它引起了各级党组织的重视,推动了中国环保事业的发展。

1.第二次全国环境保护会议的历史贡献。1983年12月31日至1984年1月7日,在北京召开了第二次全国环境保护会议。这次会议是中国环境保护工作的一个转折点,为中国的环境保护事业做出了重要的历史贡献,会议内容主要有以下四方面:①环境保护基本国策的确立;②"三同步""三统一"战略方针的提出;③确定了符合国情的三大环境政策;④提出了到20世纪末的环保战略目标。

2.环境保护是我国的一项基本国策。所谓国策,就是立国之策、治国之策。只有那些对国家经济建设、社会发展和人民生活具有全局性、长期性和决定性影响的谋划和策略,才可称为国策。把环境保护确定为基本国策是由中国的国情决定的。

3.我国环保政策和法规体系已初步形成。三大环境政策的下一个层次包括:环境经济政策、生态保护政策、环境保护技术政策、工业污染控制政策,以及相关的能源政策、技术经济政策等。

4.第三次全国环境保护会议的历史贡献。1989年4月底至5月初在北京召开了第三次全国环境保护会议,这是一次开拓创新的会议,其历史贡献主要表现如下:①提出努力开拓有中国特色的环境保护道路;②总结确定了八项有中国特色的环境管理制度。

(三)可持续发展时代的中国环境保护(1992年以后)

中国自1992年联合国环境与发展会议以来,在推进可持续发展方面做出了不懈的努力。产生于《中国21世纪议程》框架之下的一批优先项目正在付诸实施。《国民经济和社会发展"九五"计划和2010年远景目标纲要》把可持续发展作为一条重要的指导方针和战略目标,并明确做出了中国今后在经济和社会发展中实施可持续发展战略的重大决策。建立中国可持续发展指标体系的工作正在进行:ISO 14000认证体系的推广工作取得了较大的进展,已经有一批带有生态标志的产品进入消费者的家庭。一些地区建立了生态农业实验区,遵循可持续发展为指导的原则,在保护和改善生态环境的同时提高农业生产力,实现农村贫困人口脱贫等方面的成功的探索。所有这些表明,中国正在积极按照可持续发展的原则进行多方面的实践。

1.实施可持续发展战略的重大举措。中国在可持续发展战略方面制定的重要方案和进行的重大研究主要有:①指导中国环境与发展的纲领性文件——中国关于环境与发展十大对策;②关于环境保护战略的政策性文件——中国环境保护战略;③履行《蒙特利尔议定书》的具体方案——中国逐步淘汰破坏臭氧层物质的国家方案;④全国环境保护10年纲要——中国环境保护行动计划(1991—2000年);⑤中国人口环境与发展的白皮书,国家级实施可持续发展的战略框架——中国21世纪议程;⑥履行《生物多样性公约》的行动计划——中国生物多样性保护行动方案;⑦国家控制温室气体排放的研究——中国:温室气体排放的控制问题与对策;⑧专项领域实施可持续发展的纲领——中国环境保护21世纪议程、中国林业21世纪议程、中国海洋21世纪议程;⑨指导环境保护工作的纲领性文件——国家环境保护"九五"计划和2010年远景目标;⑩"九五"期间,国家在可持续发展领域实施的两项重大举措——全国主要污染物排放总量控制计划和中国跨世纪绿色工程规划。国家还将重点进行"三河"(淮河、海河和辽河)、"三湖"(太湖、巢湖和滇池)、"两区"(酸雨控制区和二氧化硫控制区)、"一市"(北京市)、"一海"(渤海)的污染控制工作(简称"33211"工程)。同时,还将对"三区",即特殊生态功能区、重点资源开发区以及生态良好区,进行重点生态环境保护,以确保国家环境安全,促进可持续发展战略的实施。

2.第四次全国环境保护会议。

(1)历史贡献:1996年7月在北京召开了第四次全国环境保护会议。这次会议对于部署落实跨世纪的环境保护目标和任务,实施可持续发展战略,具有十分重要的意义。会议进一步明确了控制人口和保护环境是我国必须长期坚持的两项基本国策;在社会主义现代化建设中,要把实施科教兴国战略和可持续发展战略摆在重要位置。江泽民同志指出环境保护是关系我国长远发展和全局性的战略问题。在加快发展中绝不能以浪费资源和牺牲环境为代价。并强调要做好五个方面的工作:一是节约资源;二是控制人口;三是建立合理的消费结构;四是加强宣传教育;五是保护自然生态。李鹏同志在讲话中不仅重申了1996年3月全国人大四次会议通过的跨世纪的环境保护目标,即2000

年,力争使环境污染和生态破坏加剧的趋势得到基本控制,部分城市和地区的环境质量有所改善;2010年,基本改变环境恶化的状况,城乡环境有明显的改善。而且还强调了实现环境保护奋斗目标的"四个必须",即必须严格管理,必须积极推进经济增长方式的转变,必须逐步增加环保投入,必须加强环境法治建设。

会议提出了两项重大举措,对于实施可持续发展战略和实现跨世纪环境目标,具有十分重要的作用。其一,"九五"期间全国主要污染物排放总量控制计划。这项举措实质上是对12种主要污染物(烟尘、粉尘、石油类、汞、六价铬、铅、砷等化合物及工业固体废物)的排放量进行总量控制,要求其2000年的排放总量控制在国家批准的水平。其二,中国跨世纪绿色工程规划。这项举措是《国家环境保护"九五"计划和2010年远景目标》的重要组成部分,也是《"九五"环保计划》的具体化。

(2)国务院做出了目标明确、重点突出、可操作性强的决定:第四次全国环保会议后,国务院发布了《国务院关于环境保护若干问题的决定》(以下简称《决定》)。其特点如下:

第一,目标明确,重点突出。《决定》规定:到2000年,全国所有工业污染源排放污染物要达到国家或地方规定的标准;各省、自治区、直辖市要使本辖区主要污染物排放总量控制在国家规定的排放总量指标内,环境污染和生态破坏的趋势得到基本控制;直辖市及省会城市、经济特区城市、沿海开放城市和重点旅游城市的环境空气、地面水环境质量,按功能区分别达到国家规定的有关标准(概括为"一控双达标")。污染防治的重点是控制工业污染;要重点保护好饮用水源,水域污染防治的重点是三湖(太湖、巢湖、滇池)和三河(淮河、海河、辽河);重点防治燃煤产生的大气污染,控制二氧化硫和酸雨加重的趋势(依法尽快划定酸雨控制区和二氧化硫污染控制区)。

第二,要求高,可操作性强。国务院《决定》中明确规定的目标、任务和措施共10条,要求很高,政策性很强。但这10条内容都是经过有关部门反复讨论、协调形成的统一意见,可操作性强。

3.中央人口资源环境工作座谈会。1999年3月,在北京召开了"中央人口资源环境工作座谈会",这是一次贯彻可持续发展战略的新部署,表明了中央领导解决好中国环境与发展问题的决心。

江泽民同志指出:"促进我国经济和社会的可持续发展,必须在保持经济增长的同时,控制人口增长,保护自然资源,保护良好的生态环境","实现我国经济和社会跨世纪发展目标,必须始终注意处理好经济建设同人口、资源、环境的关系。人口众多,资源相对不足,环境污染严重,已成为影响我国经济和社会发展的重要因素""必须从战略的高度深刻认识处理好经济建设同人口、资源、环境的关系的重要性,把这件事关中华民族生存和发展的大事作为紧迫任务,坚持不懈地抓下去"。"今年是'一控双达标'的关键一年,要逐个地区、逐个城市、逐个企业地狠抓落实","要全面落实《全国生态建设规划》,抓紧编制和实施全国生态环境保护纲要,根据不同地区的客观情况,采取不同的保护措施"。

上述重要讲话,为可持续发展时代的中国环境保护工作指明了方向。但由于各种复杂的原因,中国的环境保护仍面临着严峻的形势,生态破坏和环境污染问题没有得到有效的控制,某些地区、某些方面的环境问题甚至有加剧的趋势。正如《国家环境保护"九五"计划和2010年远景目标》中所指出的"中国环境保护工作虽然取得了多项进展,但形势仍然非常严峻。从总体上讲,以城市为中心的环境污染仍在发展,并急剧地向农村蔓延;生态破坏的范围在扩大,程度在加强,环境污染和生态破坏越来越成为影响中国经济和社会发展全局的重要制约因素,成为人民群众日益关注的重要问题"。

第四节 环境治理与环境监测的作用与意义

一、在环境治理中环境监测的作用

(一)开展环境监测工作对环境治理具备了针对性的作用

当环境遭受到了一定的破坏之后,其中实行的监测方式可以分为多种,对于不同的环境问题在进行监测的期间需要采取合理的监测方式,根据这些合理的监测方式对环境进行监测,这样才能提高环境治理工作的效果。通过合理的方式去分解环境问题,尽可能地化整为零,这样才能更快速地解决环境中需要面对的问题。

(二)开展环境监测工作促进了环境治理区域的针对性更高

对区域环境进行监测以及对厂区进行监测是环境监测中的两个主要部分,不同环境中产生的环境污染物也是不同的,因此,在环境的监测工作中需要进行区域性的对待,通过合理的方式去检测这些不同区域的环境问题,然后进行相应的分析,最后对分析结果实行区域性的治理,这样就能促进环境的更加区域性,以此提高每个区域中环境的质量,最终提高我国的整体环境变化。在环境的监测过程中,工作人员需要分清重点的主次情况,对环境监测中存在的较为严重的问题需要加强监测,以此提高环境监测对环境治理的有效性,这些都是在环境区域监测工作中需要注意的问题。

(三)环境监测促进了环境治理工作的有序开展

通常情况下,开展环境治理工作需要有序进行,环境监测可以提高环境治理工作的有序性,在进行环境监测前,工作人员需要制定合理的监测步骤,在监测的过程中都要按照严格的标准实行有序的监测。环境监测步骤的有序性可以为治理工作提供有效的数据,这样才能保证环境质量的有序进行。在当前的环境监测中,主要的重点是人为污染,所谓的人为污染就是生活中的工业以及农业和生活污水的排放等造成的环境污染。

二、探究环境监测对环境治理的意义

(一)环境监测是治理手段和目标制定的重要依据

环境监测,主要是将观测区域内的环境污染状况数据化,全面直观地展示出观测区域的污染物分布、污染程度等情况的一项措施,当下,我国环境保护工作重点集中在对大气、土壤和水资源的污染治理和保护上,监测大环境存在的污染物,实时掌握区域内环境污染发展情况,也有利于在后续的环境治理工作中制定合理的治理目标,选用更为有效的、有针对性的治理措施,采取积极有效的污染处理手段,将污染物对环境影响降至最低,保障生态环境安全。

(二)环境监测是加强环境治理计划有效性的重要手段

科技创新和工业化进程的推进,在加速我国经济社会建设的同时,也存在一定的弊端。其中,工业发展进程中导致的环境污染日益加剧,且呈现出复杂化的趋势,环境监测作为掌握环境污染状况的重要措施,在追溯污染发生源和背景上,也有着重要的现实作用,在当前的环境保护中,随着科技的发展,相应的监测技术革新也使环境监测的准确性和有效性得到了一定的提升。这使得环境监测数据的支持作用更为突出,在强化环境治理措施针对性和计划性上尤为显著。大数据、遥感技术等先进监测技术的加入,也增加了治理效果反馈的及时性,降低了后续治理工作的难度。

(三)环境监测是评价环境影响和征收排污费用的重要支撑

环境影响评价,是一项综合判断区域内环境污染状况的重要工作。环境影响评价,是有关部门对涉事的污染单位进行环境执法,也是开展治理保护的关键一步,而为环境影响评价提供科学的数据支撑,是进行环境监测工作的一项重要目标,为开展环境治理也提供了依据。在我国环境保护局势不容乐观的现在,经济增速的负面影响也越发显著,生态环境保护工作的压力也不言而喻。开展环境监测工作,对企业发展进行环境影响评价,对维持生态和经济可持续发展有着深远意义。并且,环境监测数据的分析结果,也是有关部门对企业进行经济效益和生态效益两方面评价的重要依据,更是我国目前管制污染企业,制定排污费用征收系统的基础。

(四)环境监测是环境危害性的直观数据来源

在打击环境污染行为时,由于公众环保知识的缺失,一些污染物对环境的危害性很难得到直观的体现,这也导致一些企业和个人对环境污染的重视程度不足,一定程度上阻碍了地方环境保护工作的推进。环境监测则为环境污染的各方面状况提供了数据化、可量化的指标依据,对开展环境执法工作意义重大。环境监测数据,为推进环境执法工作提供了客观、科学的专业性支撑,使得污染物对环境的危害性在对比中显而易见。这也对环境执法的公正客观性提供了一定的保障,使公众对环境执法的认识得到了强化。在打击不法企业的环境污染行为时,也为公众和企业普及了环境保护知识和概念,一定程度上促进了我国生态环境保护工作,在这一层面上,环境监测在有关部门制定执法依据,保障环境治理成效上,都有着不可忽视的正面意义。

(五)环境监测是维持区域生态平衡稳定的重要环节

环境监测在今天已经不仅仅局限于对环境污染物的监测,面对日益严峻的环境问题,环境监测的目标由以生态管理为主,逐渐转变成对生态进行全系统的危害评价。环境监测的工作内容也从较为单一的污染物观测,拓展到了更为多元的,对区域内的生态系统进行环境监测。这种转变不仅加强了环境治理工作的科学性和全面性,同样,也让环境监测在维持生态平衡问题上发挥了积极正面的作用。

第二章 环境监测基础内容

人类可利用环境监测数据及时掌握环境质量现状及其污染程度。所以，环境监测是环境管理和污染治理等工作的基础，在人类防治环境污染，改善生态环境，实现人与环境可持续发展的过程中起着不可替代的作用。

第一节 环境监测的作用与分类

一、环境监测概述

环境监测是在环境分析的基础上发展起来的一门学科，是环境科学的一个重要分支学科，也是一门实践与理论并重的应用学科。环境监测是运用各种手段，对影响和反映环境质量因素的代表值进行测定，并得到反映环境质量或环境污染程度及其变化趋势的相关数据和结果的过程。随着人类社会和科学技术的发展，环境监测所包含的内容也在不断扩展。早期的环境监测一般只针对工业污染源，而当今的环境监测不仅针对所有影响环境质量的污染因子，可能还针对生物和生态变化等。早期环境监测只能确定环境实时质量，而当今的环境监测不仅能确定环境实时质量，还能为预测环境质量提供科学依据。

（一）环境监测的对象

环境监测的对象包括对环境造成污染或危害的各种污染因子、反映环境质量变化的各种自然因素、对环境及人类活动产生影响的各种人为因素等。

（二）环境监测的过程

环境监测的过程一般可分为现场调查、监测方案制订、优化布点、样品采集、运送保存、分析测试、数据处理、综合评价等环节。

二、环境监测的作用

环境监测的作用是准确、及时、全面地反映环境质量现状及发展趋势，为环境管理、污染源控制、环境规划提供科学依据。

环境监测的任务可具体归纳为：①根据环境质量标准，利用监测数据对环境质量做出评价；②根据污染情况，追踪污染源，研究污染变化趋势，为环境污染监督管理和污染控制提供依据；③收集环境本底数据、积累长期监测资料，为制定各类环境标准（法规），实施总量控制、目标管理、预测环境质量提供依据；④实施准确可靠的污染监测，为环境执法部门提供执法依据；⑤为保护生态环境、人类健康以及自然资源的合理利用提供服务。

三、环境监测的分类

环境监测可按其监测介质和监测目的进行分类。

（一）按监测介质分类

环境监测按监测介质（环境要素）分类，可分为空气监测、水质监测、土壤监测、固体废物监测、生物监测、生态监测、物理污染监测（包括噪声和振动监测、放射性监测、电磁辐射监测）和热污染监测等。

1.空气监测。空气监测指对存在于空气中的污染物质进行定点、连续或定时的采样和测量。为了对空气进行监测，一般在一个城市设立若干个空气监测点，安装自动监测的仪器做连续自动监测，将监测结果派人定期取回，加以分析并得到相关的数据。空气监测的项目主要包括二氧化硫、一氧化氮、碳氢化合物、浮尘等。空气监测是大气质量控制和对大气质量进行合理评价的基础。

2.水质监测。水质监测是监视和测定水体中污染物的种类、各类污染物的浓度及变化趋势，评价水质状况的过程。监测范围十分广泛，包括未被污染和已受污染的天然水（江、河、湖、海和地下水）及各种各样的工业排水等。

水质监测主要监测项目可分为两大类：一类是反映水质状况的综合指标，如温度、色度、浊度、pH值、电导率、悬浮物、溶解氧、化学需氧量和生化需氧量等；另一类是一些有毒物质，如酚、氰、砷、铅、铬、镉、汞和有机农药等。为客观地评价江河和海洋水质的状况，除上述监测项目外，有时需进行流速和流量的测定。

3.土壤监测。土壤监测与水质、大气监测基本一致,通过采用合适的测定方法测定土壤的各种理化性质,包括铁、锰、总钾、有机质、总氮、有效磷、总磷、水分、总砷、有效硼、氟化物、氯化物、矿物油及全盐量等。

土壤监测很重要,主要有以下几个监测:①土壤质量现状监测;②土壤污染事故监测;③污染物土地处理的动态监测;④土壤背景值调查等。

4.固体废物监测。固体废物监测是对固体废物进行监视和测定的过程。固体废物是指在生产、建设、日常生活和其他活动中产生的污染环境的固态、半固态废弃物质。工业固体废物是指在工业、交通等生产活动中产生的固体废物;城市生活垃圾是指在城市日常生活中或者为城市日常生活提供服务的活动中产生的固体废物以及法律、行政法规规定视为城市生活垃圾的固体废物。

5.生物监测。生物监测是利用生物个体、种群或群落对环境污染或变化所产生的反应阐明环境污染状况,从生物学角度为环境质量的监测和评价提供依据。

生物监测对环境素质的优劣更具有直接的指示作用。但由于生物监测的监测对象(生态系统)的复杂性,使生物监测的操作面临许多问题。其灵敏性、快速性和精确性等都需进一步提高。

生物监测的优点是能综合地反映环境因素的联合作用,有时甚至比理化监测更敏感。

中国近年来在环境污染调查中,也开展了生物监测工作,例如,对北京官厅水库、湖北鸭儿湖、辽宁浑河等水体的生物监测,利用鱼血酶活力的变化反映水体污染,用底栖动物监测农药污染等,都取得了一定成果。在利用植物监测大气污染方面,也进行了大量研究。

6.生态监测。生态监测是指利用物理、化学、生化、生态学等技术手段,对生态环境中的各个要素、生物与环境之间的相互关系、生态系统结构和功能进行监控和测试。对人类活动影响下自然环境变化的监测。通过不断监视自然和人工生态系统及生物圈其他组成部分(外部大气圈、地下水等)的状况,确定改变的方向和速度,并查明多种形式的人类活动在这种改变中所起的作用。

(1)生态监测的分类:①从不同生态系统的角度出发,生态监测可分为城市生态监测、农村生态监测、森林生态监测、草原生态监测、荒漠生态监测等;②从监测对象及空间尺度考虑,生态监测可分为宏观生态监测和微观生态监测。

(2)生态监测的特点:①综合性。生态监测是对个体生态、群落生态及相关的环境因素进行监测。涉及农、林、牧、副、渔、工等各个生产领域,监测手段涉及生物、地理、环境、生态、物理、化学、计算机等诸多学科,是多学科交叉的综合性监测技术。②长期性。由于许多自然和人为活动对生态系统的影响都是一个复杂而长期的过程,只有通过长期的监测和多学科综合研究,才能揭示生态系统变化的过程、趋势及后果,从而为解决这些变化造成的各种问题提供科学的有效途径。③复杂性。生态系统是一个具有复杂结构和功能的系统,系统内部具有负反馈的自我调节机制,对外界干扰具有一定的调节能力和时滞性。人为活动与自然干扰都会对生态系统产生影响,这两种影响常常很难准确区分,这给监测及数据解释带来了较大难度。④分散性。生态监测平台或生态监测站的设置相隔较远,监测网络的分散性很大。同时由于生态过程的缓慢性,生态监测的时间跨度也很大,所以通常采取周期性的间断监测。⑤具有独特的时空尺度。根据生态监测的监测对象和内容,生态监测可分为宏观生态监测和微观生态监测两种,任何一个生态监测都应从这两个尺度上进行。即宏观监测以微观监测为基础,微观监测以宏观监测为主导。生态监测的宏观、微观尺度不能相互替代,二者相互补充。

7.物理污染监测。指对造成环境污染的物理因子,如噪声、振动、电磁辐射、放射性等进行监测。

8.热污染监测。热污染监测是对工业、民用污染源排入水体和大气中的废热所导致的环境热污染进行的监测。由于人口和耗能密集的城市排入大气中的热量日益增多,形成"热岛效应";发电或其他工业生产过程产生的冷却水——废热水直接排入江河、湖泊或海洋,导致局部水域的水温升高,使敏感的水生生物和植物受到危害,破坏原有的生态平衡。为了控制热污染,必须监督废热的排放,进行实时监测。

(二)按监测目的分类

1.监视性监测(又称常规监测或例行监测)。监视性监测是对环境要素的污染状况及污染物的变化趋势进行监测以达到确定环境质量或污染状况、评价污染控制措施效果和衡量环境标准实施情况等目的。监视性监测是各级环境监测站监测工作的主体,所积累的环境监测数据,是确定一定区域内环境污染状况及发展趋势的重要基础。

监视性监测包括两方面的工作:①环境质量监测(指所在地区的水体、空气、噪声、固体废物等的常规监测);②污染源监督监测(指对所在地区的污染物浓度、排放总量、污染趋势等的监测)。

2.特定目的性监测(又称特例监测)。特定目的性监测是为完成某项特种任务而进行的应急性的监测是不定期、不定点的监测。这类监测除一般的地面固定监测外,还有流动监测、低空航测、卫星遥感监测等形式。

特定目的性监测可分为以下几种情况:

(1)污染事故监测:对各种突发污染事故进行现场应急监测,摸清事故的污染程度和范围,造成危害的大小等,为控制和消除污染提供决策依据。例如,油船石油溢出事故造成的海洋污染监测、核泄漏事故引起的放射性污染监测、工业污染源各类突发性的污染事故监测等。

(2)仲裁监测:主要是针对环境法律法规执行过程中所发生的矛盾和环境污染事故引起的纠纷而进行的监测,如排污收费、数据仲裁、调解处理污染事故纠纷时向司法部门提供的仲裁监测等。仲裁监测应由国家指定的具有质量认证资质的单位或部门承担。

(3)考核验证监测:一般包括环境监测技术人员的业务考核、上岗培训考核、环境监测方法验证和污染治理项目竣工验收监测等。

(4)综合评价监测:针对某个工程或建设项目的环境影响评价进行的综合性环境现状监测。

(5)咨询服务监测:指向其他社会部门提供科研、生产、技术咨询、环境评价和资源开发保护等服务时需要进行的服务性监测。

3.研究性监测(又称科研监测)。研究性监测是专门针对科学研究而进行的监测,属于技术比较复杂的一种监测,往往要求多部门、多学科协作才能完成。

研究性监测一般包含以下几种情况:

(1)标准方法、标准样品研制监测:为制订、统一监测分析方法和研制环境标准物质(包括标准水样、标准气、土壤、尘、植物等各种标准物质)所进行的监测。

（2）污染规律研究监测：主要研究污染物从污染源到受体的转移过程以及污染物质对人、生物和生态环境的影响。

（3）背景调查监测：通过监测专项调查某区域环境中污染物质的原始背景值或本底含量。

第二节 环境污染和环境监测的特点

一、环境污染的特点

环境污染是指人类活动所产生的各种物质、能量或其他因素对自然环境的直接或间接损害的过程，造成环境资源的丧失、生态平衡的破坏和人类健康的威胁。

（一）广泛性

广泛性指各种污染物的污染影响范围在空间和时间上都比较广。由于污染源强度、环境条件的不同，各种污染物质的分散性、扩散性、化学活动性存在差异，污染的范围和影响也就不同。空间污染范围有局部的、区域的、全球的；污染影响时间有短期的、长期的。一个地区可以同时存在多种污染物质，一种污染物质也可以同时分布在若干区域。

（二）复杂性

复杂性指影响环境质量的污染物种类繁多，成分、结构、物理化学性质各不相同。监测对象的复杂性包括污染物的分类复杂性和污染物存在形态的复杂性。

（三）易变性

易变性指环境污染物在环境条件的作用下发生迁移、变化或转化的性质。迁移指污染物空间位置的相对移动，迁移可导致污染物扩散稀释或富集；转化指污染物形态的改变，如物理相态，化学化合态、价态的改变等。迁移和转化不是毫无联系的过程，污染物在环境中的迁移常常伴随着形态的转化。

二、环境监测的特点

(一)综合性

环境监测是一项综合性很强的工作。首先环境监测的方法包括物理、化学、生物、物理化学、生物化学等,它们都是可以表征环境质量的技术手段。另外,环境监测的对象包括空气、水、土壤、固体废物、生物等,准确描述环境质量状况的前提是对这些监测对象进行客观、全面的综合分析。

(二)连续性

环境污染的时间、空间分布具有广泛性、复杂性和易变性的特点,因此,只有开展长期、连续性的监测才能从大量监测数据中发现环境污染的变化规律,并预测其变化趋势。数据越多,监测周期越长,预测的准确度就越高。

(三)追溯性

环境监测包含现场调查、监测方案制订、优化布点、样品采集、运送保存、分析测试、数据处理、综合评价等环节,是一项复杂的系统工作。任何一个环节出现差错都将对最终数据的准确性产生直接影响。为保证监测结果的准确度,必须先保证监测数据的准确性、可比性、代表性和完整性。因此,环境监测过程一般都需建立相应的质量保障体系,确保每一个工作环节和监测数据都是可靠的、可追溯的。

三、环境优先监测

环境中可能存在的污染物质种类繁多,不同种类的污染物质其含量和危害程度往往不尽相同,在实际工作中很难做到对每一种污染物质都开展监测。在人力、物力和技术水平等有限的条件下,往往只能做到有重点、有针对性地对部分污染物进行监测和控制。这就要求按照一定的原则根据污染物质的潜在危害、浓度和出现频率等情况对环境中可能存在的众多污染物质进行分级排序,从中筛选出潜在危害较大、出现频率较高的污染物质作为监测和控制的重点对象。在这一筛选过程中被优先选择为监测对象的污染物称为环境优先污染物,简称优先污染物。针对优先污染物进行的环境监测称为环境优先监测。

从世界范围来看,美国是最早开展环境优先监测的国家。美国在20世纪70年代颁布的《清洁水法案》中就明确规定了129种优先污染物,其后又增加了43种空气优先污染物。欧盟早在1975年就在名为《关于水质的排放标准》的技术报告中列出了环境污染物的"黑名单""灰名单"。

早期监测和控制的优先污染物主要是一些在环境中浓度高、毒性大的无机污染物,如重金属等,其危害多表现为急性毒性的形式,容易获得监测数据。而有机污染物由于其种类较多、含量较低且分析检测技术水平有限,所以一般用综合性指标,如COD、BOD、TOC等来反映。随着人类社会和科学技术的不断发展,人们逐渐认识到一些浓度极低的有机污染物在环境和生物体内长期累积,也会对人类健康和环境造成极大的危害。这些含量极低(一般为痕量)的有毒有机物的存在对COD、BOD、TOC等综合指标影响甚小,但其对人体健康和环境的危害很大。这类污染物也逐渐被列为优先污染物进行监测和控制。

环境优先污染物一般都具有以下特点:①潜在危害大(毒性大);②影响范围广;③难以降解;④浓度已接近或超过规定的浓度标准或其浓度呈大幅上升趋势;④目前已有可靠的分析检测方法。

在中国环境监测总站已完成的《中国环境优先监测研究》中提出了"中国环境优先污染物黑名单",包括14种化学类别,共68种有毒化学物质,其中有机物占58种。

第三节 环境监测网络与环境自动监测

一、环境监测网络

环境监测工作是综合性科学技术工作与执法管理工作的有机结合体。环境监测网络既具有收集、传输质量信息的功能,又具有组织管理功能。目前,国内外建立的环境监测网络主要有两种类型。一种是要素型,即按不同环境要素来建立监测网络,如美国国家环保局的环境监测网络。美国国家环保局设有三个国家级监测实验室(大气监测研究中心,水质监测研究中心,噪声、放射性、固体废弃物及新技术研究中心),分别负责全国各环境要素的监测技术、数据收集处理工作。另一种是管理型,即按行政管理体系来建立监测网络。

该类型中监测站按行政层次设立,测点由地方环保部门控制。

监测站基本监测能力主要以能否开展现行的《空气和废气监测分析方法》《水和废水监测分析方法》《环境监测技术规范(噪声部分)》等各种监测技术规范中列举的监测项目来衡量。

二、环境自动监测

要达到控制污染、保护环境的目的,必须掌握环境质量变化,进行定点、定时的人工采样与监测,月复一月、年复一年地积累各类监测数据,然后通过综合分析找出污染现状和变化规律。完成这项工作需要花费大量的人力、物力和财力。20世纪70年代初,世界上许多国家和地区相继建立了可连续工作的大气和水质污染自动监测系统,使环境监测工作向连续自动化方向发展。环境自动监测系统的工作体系由一个中心监测站和若干个固定的监测分站(子站)组成。

环境自动监测系统24小时连续自动地在线工作,在正常运行时一般不需要人员参与,所有的监测活动(包括采样、检测、数据采集处理、数据显示、数据打印、数据贮存等)都是在电脑的自动控制下完成的。

子站的主要的工作任务包括通过电脑按预定的监测时间、监测项目进行定时定点样品采集、仪器分析检测、检测数据处理、定时向中心监测站传送检测数据等。

监测中心站主要工作任务包括收集各子站的监测数据、数据处理、统计检验结果、打印污染指标统计表、绘制污染分布图、公布污染指数、发出污染警报等。

三、我国环境监测网络

我国的环境监测网络在最初的管理型监测网络(按行政管理体系建立)的基础上逐步建立和完善了以环境要素为基础的跨部门、跨行政区的要素型监测网络,如三峡工程生态与环境监测信息管理中心、东亚酸沉降监测网中国网、国家海洋环境监测中心等。早在20世纪90年代初,我国就建立起了国家环境质量监测网(简称国控网),形成了国家、省、市、县四级环境监测网络。自1998年起,设立了国家环境监测网络专项资金用于环境监测能力和监测信息传输能力等方面建设。目前,我国已建成覆盖全国的自动化、标准化的环境质量监测网络,涵盖了城市空气质量自动监测系统、地表水质自动监测系统、污染源自动监测系统、近岸海域自动监测系统、生态监测系统等。

(一)我国生态环境监测网络的形势与不足

当前,我国生态环境监测网络建设取得历史性成就。2018年机构改革后赋予生态环境部统一生态环境监测评估职责,生态环境领域职能与任务逐步拓展。十九届五中全会提出深入打好污染防治攻坚战、推动绿色发展等新的任务与要求,生态环境监测作为生态文明建设和生态环境保护的重要基础支撑面临新的机遇与挑战。

1.形势与需求

(1)应对气候变化向实现碳达峰、碳中和转变的新任务:面向碳达峰目标和碳中和愿景,应对气候变化将与环境治理、生态保护修复协同推进,积极降低碳排放强度,控制温室气体排放。为适应气候变化工作新格局,亟须开展气候变化风险监测评估,加强全球气候变暖对我国承受力脆弱地区影响的观测,增强气候变化应对能力。

(2)大气污染协同治理向纵深发展的新挑战:面对2035年美丽中国目标,大气污染防治将围绕京津冀及周边地区、汾渭平原、长三角地区、成渝地区、粤港澳大湾区等重点区域以及PM2.5与O_3等重点污染物,深入推进区域大气污染协同治理及多污染物协同控制。而生态环境监测在颗粒物组分与VOCs协同监测、重点区域特征污染物监测、传输通量监测等方面面临更大的挑战。

(3)水环境治理"三水统筹"的新形势:"十四五"时期,水污染防治将坚持水环境、水资源、水生态"三水统筹"理念,生态扩容与污染减排两手发力,稳步提升水生态环境。这就要求地表水监测从环境质量监测向水生态环境监测转变,亟须构建水生态环境监测体系,开展水生生物监测、生态流量及污染通量监测,为稳步提升水生态环境提供技术支撑。

(4)生态监管不断强化带来的新需求:随着生态文明体制改革的不断深化,新一轮党和国家机构改革赋予生态环境部生态资源监管者的职责与定位,围绕"山水林田湖草"系统整体观,强化重要生态系统保护修复、生物多样性保护与生物安全管理、生态保护全过程统一监管。这对生态质量监测体系提出了迫切需求,亟须建立与改革背景下生态监管职能相适应的生态质量监测网络和评价监管体系,为维护生态安全提供技术支撑。

(5)环境监测监控一体化发展的新要求:当前仍处于污染防治"三期叠加"

的重要阶段,面临的环境问题更加复杂多元,环境管理对环境监测监控一体化的精准支撑需求愈发强烈。为努力做到说清环境问题的污染来源和成因、各类污染源的排放情况、环境变化与产业结构、治理水平的相互关系、环境变化与资源能耗的相互影响,亟待加强生态环境质量与污染源关联分析能力,丰富监测服务产品,为精准治污、精准管控、精准执法提供有力技术支撑。

2.存在问题

(1)生态环境监测精细化支撑不足:随着污染防治向精准、科学、依法深入发展,生态环境监测能力难以满足精细化支撑要求。颗粒物组分与光化学监测站点较少,污染物来源与成因分析基础薄弱。水生态监测难以满足环境管理需求。健康风险评估体系尚处于探索阶段,难以满足人民群众对健康环境的迫切需求。水质、噪声等领域监测自动化水平有待提升。遥感、微型传感器、智能实验室等新一代感知技术及人工智能、5G通信、大数据等新一代信息技术尚未在监测领域广泛应用。生态环境监测大数据平台建设和污染溯源、来源解析等监测数据深度挖掘水平有待提升。

(2)生态质量监测存在短板:生态环境监测与自然资源监测权责边界模糊,生态资源所有权和监管权行使操作方式没有达成共识,生态质量监测网络统一规划机制尚未建立,网络监测范围和要素覆盖不全,监测与监管结合不紧密,缺乏生态质量监测数据的融合分析和综合评估。统一完善的生态质量监测技术体系尚未形成,监测指标、监测手段仍需丰富。全国生态质量监测能力严重不足,各级生态环境监测(中心)站能够独立开展生态质量监测工作的较少,尤其大多数中西部省份均不具备监测能力。

(3)污染源监测体系尚需完善:排污单位规范自行监测意识需继续深化,自行监测监管有待加强,部分企业通过"不正常运行"污染源自动监测设施的行为"打擦边球",在影响监测数据质量的同时,逃避刑事和行政处罚。由于排污单位自行监测数据的法律地位和证明作用尚未明确,直接导致多起企业"超排案"环境部门败诉。基层执法监测能力尚不能满足改革要求,环境监测监控一体化有待进一步推进。

(二)我国生态环境监测网络的展望

围绕"山水林田湖草生命共同体"理念,推动监测领域向生态与全球拓展;监测指标向环境健康和成因机理解析拓展;监测手段向天地一体、自动智能、科学精细、集成联动的方向发展,构建完善多元融合、高效获取的现代生态环境感知监测网络,实现监测先行、监测灵敏、监测准确。

1.加强生态环境监测网络建设。推动传统环境监测向生态环境监测发展。围绕陆海统筹、水岸联动、水土联通,强化地下水、海洋等环境监测及入河排污口、农业面源监测;围绕"三水统筹""碳达峰碳中和",开展水生态、温室气体监测试点,推动水生态环境系统提升、温室气体和污染物协同控制,建立融合高精度、全方位、短周期卫星遥感监测和多类型、多层次、多指标地面调查监测的生态质量监测网络,构建现代生态环境智慧监测网络。推动监测"规模化"向"高质量"跨越。围绕PM2.5与O_3协同控制、污染成因和变化趋势分析,监测指标向通量、组分、形态、前体物拓展,如大气方面开展颗粒物组分、光化学评估、交通监控等监测,监测点位布设从均质化、规模化扩张向差异化、综合化布局转变,减少部分长期稳定达标的监测点位或监测指标,推动生态环境监测网络向精细化、多元化、智能化发展。

2.探索生态环境监测多手段融合应用模式。推动生态环境监测多手段融合应用,推动实现多学科多技术融合、天空地一体化立体监测。以污染较重的城市和污染传输通道为重点,开展大尺度PM2.5、O_3、NO_2、HCHO、CO等污染物水平分布和垂直浓度观测、移动监测、传感器或单指标监测,扩大全国超级站联盟,加强区域大气复合污染机理研究,为区域联防联控提供技术支撑。建立卫星遥感监测锁定高值区、走航雷达监测识别特征组分、地面监测精确定量的VOCs溯源监测模式。在重点污染河段率先开展入河排污口水质水量实时监测和上下游走航巡测,推动水污染溯源和"水岸联动"监测预警研究。重点流域、主要水系及重要水体开展水生生物环境DNA监测试点,推进新技术新手段应用。

3.强化生态环境监测数据智慧应用。利用区块链、物联网等信息技术,建设升级环境质量预测预警、污染溯源追因、环境容量分析及综合应用等模型或系统,加强生态环境质量、污染源监测监控数据信息关联分析和综合研判,实现监测、评估、监督、预警一体推进。建设生态环境全景决策系统,实现生态环境监测数据分析成果"一张图"可视化应用。切实践行"监测为民、为民监测"要求,搭建亲民、便民、惠民的生态环境信息可视化展示窗口,广泛拓展群众关心的、与生活息息相关的监测信息,运用人工智能、人机交互、虚拟现实、可视化等技术,丰富创新可视化的展示模式,为社会公众提供更加人性化、更加友好的监测信息产品。

第四节 环境监测标准体系

一、我国环境标准体系

标准是经公认的权威机构批准的一项特定标准化工作成果(ISO定义),它通常以文件的形式规定必须满足的条件或基本单位。环境标准是以防止环境污染,维护生态平衡,保护人群健康为目的,对环境保护工作中需要统一的各项技术规范和技术要求所做的规定,也是有关控制污染、保护环境的各种标准的总称。

环境标准是环境保护法规的重要组成部分,具有法律效力;环境标准是环境保护工作的基本依据,也是判断环境质量优劣的标尺。环境标准在无形中推动环境科学的不断发展。环境标准是一个动态标准,它必须根据所处时期的科学技术水平、社会经济发展状况、环境污染状况等来制定。环境标准通常每隔几年修订一次,新标准一旦颁布老标准自动作废。

(一)构成

我国的环境标准体系由国家环境保护标准、地方环境保护标准和国家环境保护行业标准三部分组成。

1.国家环境保护标准。国家环境保护标准包括国家环境质量标准、国家污染物排放标准、国家环境监测方法标准、国家环境标准样品标准、国家环境基础标准和国家环保仪器设备标准六大类。

(1)国家环境质量标准:指在一定的时间和空间范围内,为保护人群健康、维护生态平衡、保障社会物质财富,国家在考虑技术、经济条件的基础上,对环境中有害物质或因素的允许含量所做的限制性规定。它是国家环境政策目标的具体体现,是制定污染物排放标准的依据,也是衡量环境质量的标尺。这类标准一般按照环境要素和污染要素划分,如大气质量标准、水质量标准、环境噪声标准以及土壤、生态质量标准等。

（2）国家污染物排放标准：指国家为实现环境质量标准目标，结合技术经济条件和环境特点，对排入环境的污染物或有害因素所做的限制性规定。它是实现环境质量标准的重要保证，也是对污染排放进行强制性控制的重要手段。

（3）国家环境监测方法标准：指国家为保证环境监测工作质量而对采样、样品处理、分析测试、数据处理等做出的统一规定。此类标准一般包含采样方法标准和分析测定方法标准。

（4）国家环境标准样品标准：指国家为保证环境监测数据的准确、可靠而对用来标定分析仪器、验证分析方法、评价分析人员技术和进行量值传递或质量控制的材料或物质所做的统一规定。

（5）国家环境基础标准：指在环境保护工作范围内，对有指导意义的符号、代号、图形、量纲、指南、导则等由国家所做的统一规定。它在环境标准体系中处于指导地位，是制定其他标准的基础。

除上述环境标准外，国家对环境保护工作中其他需要统一的方面也制定了相应的标准，如环保仪器设备标准等。目前，我国的环境基础标准、环境监测方法标准和环境标准样品标准，已基本与国际通用的相关标准接轨。环境质量标准和污染物排放标准受具体国情和环境特点及技术条件的制约，一般不采用国际标准。

2.地方环境保护标准。我国国土面积大，不同地区的自然条件、环境状况、产业分布和主要污染因子等情况存在较大差异，有时国家环境保护标准很难覆盖和适应全国各地的情况。地方环境保护标准是由省（自治区、直辖市）人民政府根据地方特点或针对国家标准中未做规定的项目制定的环境保护标准是对国家环境保护标准的有效补充和完善。对国家标准中未做规定的项目，可以制定地方环境质量标准；对国家标准中已做规定的项目，可以制定严于国家标准的相应地方标准。地方环境标准可在本省（自治区、直辖市）所辖地区内执行。

地方环境保护标准包括地方环境质量标准和地方污染物排放标准。环境基础标准、环境标准样品标准和环境监测方法标准不制定地方标准。在标准执行时，地方环境保护标准优先于国家环境保护标准。近年来，随着环境保护形势的日趋严峻，一些地方已将总量控制指标纳入地方环境保护标准。

3.国家环境保护行业标准。由于各类行业的生产情况不同,其产生和排放的污染物的种类、强度和方式各不相同,有些行业之间差异很大。因此,针对不同的行业需要制定相应的环境保护标准才能与各行业的具体情况相适应。国家环境保护行业标准由国家环境保护行政主管部门针对不同行业的具体情况制定,在全国范围内执行。

在环境保护领域,主要围绕污染物排放来制定行业标准。污染物排放标准分为综合排放标准和行业排放标准。行业排放标准是针对特定行业的生产工艺、排污状况以及污染控制技术评估和成本分析,并参考国外相关法规和典型污染达标案例等综合情况而制定的污染物排放控制标准。例如,中华人民共和国生态环境部根据我国大气污染物排放的特点确定锅炉、水泥厂、火电厂、炼焦炉、工业炉窑(含黑色冶金、有色冶金、建材)等为重点排放设备或行业并单独为其制定排放标准。行业排放标准是根据本行业的污染状况制定的,因而具有更好的适应性和可操作性。综合排放标准与行业排放标准不交叉执行,在有行业排放标准的情况下,优先执行行业排放标准。

(二)当前环境监测标准体系的缺陷

1.内容不够完善。通过不断地研究我国环境监测标准体系,发现我国在很多环境污染产业都没有制定相对应的监测标准。随着当代经济和研究制造技术的不断发展,人们的生活质量都在不断提高,但是环境污染因素也变得更为多样繁杂,所以要建立更为严格的环境监测方法标准体系。然而现实情况是很多基础的环境污染都没有得到有效的治理,这也反映了我国在环境监测方面标准体系的内容还不够完善。

2.我国环境监测方法的适用性比较不足。要构建相对应严格规范的环境监测标准体系,需以我国真实的状况作为依据和基础,对环境质量的真实状况进行调查。很多环境监测标准体系只能在某一个地区才有适用性,如果是换成另一个地方就不一定再适用了。因此,在构建环境监测标准体系时就要对这些标准体系进行研讨,建立更为精确的规范指标。

3.环境监测的系统性比较不足。早期,对环境监测制订的标准体系的范围界定还很模糊,其划分出来的原则标准类别也没有确定,基本上都是非常单一地去领悟环境污染物,虽然环境监测方法很多,但是大多缺少其顶层设计中的系统性、前沿性以及科学性,但是监测方法的两种划分都应该由科学性规则统一,这些年所立的一些环境监测方法标题体系的名字不能引用,同时也出现项目反复立项的情况,这些都是因为环境监测方法标准体系缺乏其系统性的分类规则。还有一些化合物也有着重复的状况,这些情况与问题也都影响着监测工作的顺利开展。

4.环境监测方法科学性应当提高。自然环境中大多数的污染物所表现的形态是不一样的,比如,有机态和无机态,所以理应对每个不同的污染物都有着相对应的监测方法,但是现有的方法都没有去考虑到不同污染物所呈现的状态,为了准确地反映污染物的真实情况,建议遇到不同的状况采用不同的环境监测方法和处理方法。

5.我国环境监测体系有缺陷。当今,我国可以根据不同的污染物来采取相对应的处理方法与对策,但是在采样污染物时却没有更完整的采样方法。在自然生态环境中,技术也依然不完整,虽然环境监测方法很多但是作用差异却很大,我国环境保护相关部门曾研讨出保护生态环境的方法,但没能很好地宣传出去,使很多地区不知情也就没采用最先进的方法。若是将环境监测方法体系统一起来,对每个监测单位都进行有效的整合,那么环境监测在数据分析上都会更加完善。

6.我国在环境监测中缺乏遥感应用。目前,我国环境保护相关部门都建起了监测平台,如环境卫星和高分卫星等。近年来我国各大监测平台的能力都在飞速提高与发展,对遥感监测技术的需求也在不断增加,却迟迟没有一套完整体系的遥感监测技术。

(三)对我国环境监测标准体系的探究

1.优化顶层设计。人类迅速发展的同时也对自然环境造成了巨大的污染与伤害,因此相关部门构建了很多的环境监测方法标准体系,但这些体系也并不完美,有很多的缺陷和不完善的地方,那么,就得针对不足的地方做出相对应的处理,有针对性地将其一个个解决,追根溯源,借鉴美国、日本等国家的先进经验有助于完善改进我国环境管理方面的缺点,使我国环境监测方法标准体系的三大方面:分类、技术、结构更加完善。

2.提高环境监测方法体系的协调性和适用性。负责相关工作的人员在审议和征采意见的每一个环节都要做到十分全面,为了不发生相关的问题,需要工作人员在测定的范围或者在适用的范围内做好相关的对接工作,要开展相关的验证方法工作,必须要让我国的环境监测方法标准体系具有协调性以及适用性。我国的相关的研究人员在制定环境监测方法时在工作原则要求上必须得实事求是并且要严格遵守,不得懈怠。要对我国真实的情况进行脚踏实地的调查研究,根据当地的实际情况制定有效且相符的环境监测方法。

3.提高监测方法的先进性。由于环境污染程度的不断增高,很多的被划为监控重点的污染物只有达到了要求才能去处理它。当事态到了非常严重的时候,环境监测方法能够自行增大,以作为依据去处理。如果环境监测方法不够先进,那么就需要加速去改进,从而让环境监测方法体系能够更加完善。要想环境监测方法体系变得更为强大,必须得有针对性地往里投入大量的人员和资金,这会使监测方法更加完整。

4.增大对环境监测的投入。以我国现在的发展状况,还需要加大对环境监测方法的支持以及投入,从而可以根据一种污染物制定出不同的监测方法。

5.环境监测人员的条件。环境监测人员的重要性不言而喻,他的能力以及水平都将影响处理环境的效果。如果环境监测人员的能力不够,他们是无法胜任这个职业的,也无法更好地去发展环境监测方法。这就需要相关监测部门在培训环境监测人员时足够的重视。作为环境监测人员,必须掌握好技术,遇到问题时能够及时有效地去处理。

二、我国现行环境质量标准

目前我国已颁布实施的环境质量标准见表2-1。

表2-1 我国现行环境质量标准

	标准名称	标准号
空气	环境空气质量标准	GB 3095–2012
	乘用车内质量评价指南	GB/T 27630–2011
	室内空气质量标准	GB/T 18883–2022
水质	地表水环境质量标准	GB 3838–2002
	海水水质标准	GB 3097–1997
	地下水质量标准	GB/T 14848–2017
	农田灌溉水质标准	GB 5084–2021
	渔业水质标准	GB 11607–1989
土壤	土壤环境质量 建设用地土壤污染风险管控标准(试行)	GB 36600–2018

续表

	标准名称	标准号
土壤	土壤环境质量 农用地土壤污染风险管控标准（试行）	GB 15618-2018
	食用农产品产地环境质量评价标准	HJ 332-2006
	温室蔬菜产地环境质量评价标准	HJ 333-2006
	拟开放场址土壤中剩余放射性可接受水平规定（暂行）	HJ 53-2000
噪声	声环境质量标准	GB 3096-2008
	机场周围飞机噪声环境标准	GB 9660-1988
振动	城市区域环境振动标准	GB 10070-1988

三、我国现行污染物排放标准

我国已颁布实施的污染物排放标准主要包括气态污染物排放标准、液态污染物排放标准、固态污染物排放标准,此外,还有物理性污染物排放标准,如噪声标准等。

四、我国环境监测方法标准

污染物造成环境污染的原因复杂,时空变化差异大,对其测定的方法可能有许多种,但为了提高环境监测数据的准确性和可比性,保证环境监测工作质量,环境监测必须制定和执行国家或部门统一的环境监测方法标准。有时,还必须执行国际统一的环境监测方法标准。这类方法标准很多,是环境监测操作过程必须执行的统一规范。

第三章 环境监测质量保证

第一节 概述

一、环境监测质量保证和环境监测质量控制

(一)定义

1.环境监测质量保证的定义。环境监测质量保证是对整个环境监测过程进行技术上、管理上的全面监督,以保证监测数据的准确性和可靠性。

2.环境监测质量控制的定义。环境监测的质量控制是为了满足环境监测质量需求所采取的操作技术和活动。

环境监测的质量控制是环境监测质量保证的一部分,主要是对实验室的质量、管理进行监督,包括实验室内部质量控制和外部质量控制。

(二)环境监测质量控制现状及质量保证对策

1.环境质量控制现状

(1)质量控制制度不完善:现阶段,我国现有的环境监测质量控制体系已经相对完善,但随着环境监测市场化进程的持续推进,社会环境监测机构数量快速增加的同时,部分环境监测机构过于重视自身的发展速度,忽视对内部质量控制体系和质量管理体系的完善,再加上未设置有独立的环境监测质量管理部门,导致各类环境监测环节缺乏有效协同,影响到最终环境监测质量的控制效果。

(2)监测点布置不合理:为保障环境监测的可靠性,必须要根据环境监测的实际特点,在待监测区域合理选择监测点的同时,保障环境监测的全面性。现阶段,常用的监测点布置方法如随机抽样布置法、对角线布置法、十字格布

置法等。在具体监测点布置过程中,无论采用哪种布置方法,均需要满足上述监测点选择要求,进而对监测区域进行全面监测分析,保障监测结果的客观性和有效性。但结合实际情况来看,当前部分社会环境监测单位为能够提高环境监测效率,降低成本,在实际监测时没有严格按照要求进行监测点布置。例如,所布置的监测点数量不符合标准样本要求,以至于后续样本采集过程中虽然采集到足够的样本数量,但具体样本数据却不全面,使得具体监测结果受到一定影响。

(3)监测人员专业水平较低:在经济发展等因素的影响下,我国各地区均存在一定程度的资源分布不均衡情况。相关情况在监测人员方面的主要体现便是部分地区技术人员综合素质较低,再加上缺乏系统性的培训指导和缺乏对环境监测的重视等情况,导致具体环境监测过程中不能够对各类环境监测技术、设备进行充分运用,实际责任意识不足,导致环境监测无法发挥出最佳成效。

2. 环境监测质量保证对策

(1)完善质量管理制度:具体质量管理制度完善中可以接入精细化管理模式,将环境监测工作进行模块化划分,例如,分为大气环境监测模块、水体环境监测模块等,不同模块下还可以进行进一步细化,然后以国家及行业现行规定标准作为参考依据,为细化后的工作内容制定合理的内部质量控制体系和质量管理体系,以此来为环境监测人员的日常工作提供约束和参考。此外,还需要在单位内部设置独立的环境监测管理部门,该部门的实际工作内容就是参考质量控制/管理体系,对环境监测人员的工作情况进行监督管理,及时发现和解决环境监测中存在的问题,保障监测结果的精准性。

(2)优化监测点布置:①确定环境监测点范围,例如,在对土壤环境进行环境监测时,需要先确定待监测区域的边界范围,然后以此为基础合理选用监测点布置方式和布置数量,进而保障样品采集的代表性,为后续环境监测提供重要样本支持;②在监测点布置过程中,需要严格根据环境监测点布置方案进行具体监测点布置,通过监测点对待监测区域实施持续监测,获取可靠数据后,对数据进行分析处理。

(3)加强人员培训:①要根据环境监测的相关工作内容,在业内专业人士的帮助下,制定完善的环境监测人员培训方案和培训内容;②具体培训内容包括但不限于现行环境监测标准、环境监测中技术手段的选择、仪器设备维护保障及校准、安全责任意识培养、仪器及技术使用等。要对参加培训的人员的学习情况进行评估,对比较优秀或进步较大的人员给予适当的奖励,以激发相关人员培训和学习的积极性;③还需要将环境监测效果与环境监测人员的日常工作绩效相挂钩,提高环境监测人员的工作积极性的同时,保证环境监测质量及效果。

二、环境监测质量保证的内容

环境监测质量保证是整个环境监测过程的全面质量管理,包括制订计划;根据需要和可能确定监测指标及数据的质量要求;规定相应的分析监测系统。其内容包括采样、样品预处理、贮存、运输、实验室供应,仪器设备、器皿的选择和校准,试剂、溶剂和基准物质的选用,统一测量方法,质量控制程序,数据的记录和整理,各类人员的要求和技术培训,实验室的清洁度和安全,以及编写有关的文件、指南和手册等。

三、环境监测质量保证的目的

环境监测质量保证的目的是确保分析数据达到预定的准确度和精密度,避免出现错误的或失真的监测数据,给环境保护相关工作造成误导和不可挽回的损失。

从质量保证和质量控制的角度出发,为了使监测数据能够准确地反映环境质量的现状并预测污染的发展趋势,要求环境监测数据具有5个特性:①代表性,表示在具有代表性的时间、地点,并按规定的采样要求采集的能反映总体真实状况的有效样品;②完整性,表示取得有效监测资料的总量满足预期要求的程度或表示相关资料收集的完整性;③准确性,表示测量值与真值的符合程度,一般以准确度来表征;④精密性,表示多次重复测定同一样品的分散程度,一般以精密度来表征;⑤可比性,表示在环境条件、监测方法、资料表达方式等可比条件下所获资料的一致程度。

四、环境监测质量保证的意义

环境监测质量保证是环境监测中十分重要的技术工作和管理工作。质量保证和质量控制,是一种保证监测数据准确可靠的方法,也是科学管理实验室和监测系统的有效措施,它可以保证数据质量,使环境监测建立在可靠的基础之上。因此,环境监测质量保证的意义在于使各个实验室从采样到结果所提供的数据都有规定的准确性和可比性,以便得出正确的结论。

一个实验室或一个国家是否开展质量保证活动是表征该实验室或国家环境监测水平的重要标志。

第二节 监测实验室基础构建

一、实验用水

水是最常用的溶剂,配制试剂和标准物质、玻璃仪器的洗涤均需大量使用。它对分析质量有着广泛而根本的影响。在环境监测实验中,根据不同用途需要采用不同质量的水。

(一)实验室用水的规格

国家标准《分析实验室用水规格和试验方法》(GB/T 6682-2008)将适用于化学分析和无机痕量分析等试验用水分为3个级别:一级水、二级水和三级水。表3-1列出了各级实验室用水的规格。

表3-1　各级实验室用水的规格

项目	一级水	二级水	三级水
外观(目视观察)	无色透明液体	无色透明液体	无色透明液体
pH值范围(25℃)			5.0～7.5
电导率(25℃)(ms/m)≤	0.01	0.10	0.50
可氧化物质(以O计)(mg/L)≤		0.08	0.4
吸光度(254nm,1cm光程)≤	0.001	0.01	
蒸发残渣(105℃±2℃)(mg/L)≤		1.0	2.0
可溶性硅(以SiO_2计)(mg/L)≤	0.01	0.02	

(二)实验室用水的分类

实验室用水主要有下面几大类:蒸馏水、去离子水、特殊用水。

1.蒸馏水。蒸馏水的质量因蒸馏器的材料与结构而异,水中常含有可溶性气体和挥发性物质。现在介绍几种常用蒸馏器及其所得蒸馏水的用途:金属蒸馏器所获得的蒸馏水含有微量金属杂质,而玻璃蒸馏器由含低碱高硅硼酸盐的"硬质玻璃"制成,所得的水中含痕量金属;石英蒸馏器含99.9%以上的二氧化硅,所得蒸馏水仅含痕量金属杂质,不含玻璃溶出物;亚沸蒸馏器是由石英制成的自动补液蒸馏装置,其热源功率很小,使水在沸点以下缓慢蒸发,故而不存在雾滴污染问题,所得蒸馏水几乎不含金属杂质。

2.去离子水。去离子水是用阳离子交换树脂和阴离子交换树脂以一定形式组合进行水处理。去离子水含金属杂质极少,适于配制痕量金属分析用的试液,因它含有微量树脂浸出物和树脂崩解微粒,所以不适于配制有机分析试液。

3.特殊用水。在分析某些指标时,对分析过程中所用的纯水中这些指标的含量应愈低愈好,这就提出某些特殊要求的纯水以及制取方法。

(1)无氯水:加入亚硫酸钠等还原剂将水中余氯还原为氯离子,以联邻甲苯胺检查不显黄色。用附有缓冲球的全玻璃蒸馏器(以下各项的蒸馏同此)进行蒸馏制得。

(2)无氨水:加入硫酸至pH值小于2,使水中各种形态的氨或胺均转变成不挥发的盐类,收集馏出液即得,但应注意避免实验室空气中存在的氨对水的重新污染。

(3)无二氧化碳水:可由两种方法制得,第一种方法是煮沸法,将蒸馏水或去离子水煮沸至少10分钟(水多时),或使水量蒸发10%以上(水少时),加盖放冷即得;第二种方法是曝气法,用惰性气体或纯氮通入蒸馏水或去离子水至饱和即得。

制得的无二氧化碳水应贮于以附有碱石灰管的橡皮塞盖严的瓶中。

(4)无铅(重金属)水:用氢型强酸性阳离子交换树脂处理原水即得。所用贮水器事先用6 mol/L硝酸溶液浸泡过夜再用无铅水洗净。

(5)无砷水:一般蒸馏水和去离子水均能达到基本无砷的要求。应避免使用软质玻璃制成的蒸馏器、贮水瓶树脂管。进行痕量砷分析时,必须使用石英蒸馏器、石英贮水瓶、聚乙烯树脂管。

(6)无酚水:采用加碱蒸馏法制取。加氢氧化钠至水的pH值大于11,使水中的酚生成不挥发的酚钠后蒸馏即得,也可同时加入少量高锰酸钾溶液至水呈深红色后进行蒸馏。

(7)不含有机物的蒸馏水:加入少量高锰酸钾碱性溶液,使水呈紫红色,进行蒸馏即得。若蒸馏过程中红色褪去应补加高锰酸钾。

二、化学试剂

(一)化学试剂的分类

一般按试剂的化学组成或用途分类,分为无机试剂、有机试剂、基准试剂、等效试剂、食品分析试剂、生化试剂、指示剂和试纸、高纯物质、标准物质、液晶。

(二)化学试剂的规格及应用范围

1.分类。规格按纯度和作用要求分为化学纯试剂、分析纯试剂、优级纯试剂、基准试剂、光谱纯试剂和色谱纯试剂。

2.应用范围。化学试剂的应用范围包括以下几点:

(1)化学纯试剂:为三级试剂,简写为CP,一般瓶上用深蓝色标签。主成分含量高、纯度较高存在干扰杂质,适用于化学实验和合成制备。

(2)分析纯试剂:为二级试剂,简写为AR,一般瓶上用红色标签。主成分含量很高、纯度较高,干扰杂质很低,适用于工业分析及化学实验。

(3)优级纯试剂:又称保证试剂,为一级试剂,简写为GR,一般瓶上用绿色标签。主成分含量很高、纯度很高,适用于精确分析和研究工作,有的可作为基准物质。

(4)基准试剂:简写为PT,可直接配制标准溶液专门作为基准物用。

(5)光谱纯试剂:简写为SP,用于光谱分析。适用于分光光度计标准品、原子吸收光谱标准品、原子发射光谱标准品。

(6)色谱纯试剂:分为气相色谱(GC)分析专用和液相色谱(LC)分析专用。质量指标注重干扰色谱峰的杂质。主成分含量高。

3.化学试剂的标签颜色。我国国家标准《化学试剂包装及标志》(XGB 15346-2012)规定用不同的颜色标记化学试剂的等级及门类,见表3-2。

表3-2　化学试剂的标签颜色

级别	中文标志	英文标志	标签颜色
一级	优级纯	GR	绿色
二级	分析纯	AR	红色

级别	中文标志	英文标志	标签颜色
三级	化学纯	CP	深蓝色
	基准试剂	PT	深绿色

4.化学试剂的使用方法。具体的使用方法包括:①应熟悉最常用的试剂的性质,如市售酸碱的浓度,试剂在水中的溶解度,有机溶剂的沸点,试剂的毒性等。②要注意保护试剂瓶的标签,它标明了试剂的名称、规格、质量,万一掉失应照原样贴牢。分装或配制试剂后应立即贴上标签。绝不可在瓶中装上不是标签指明的物质。无标签(无法识别)或失效(不能使用)的试剂要按照国家相关规定妥善处理、处置。③为保证试剂不受沾污,应当用清洁的牛角勺从试剂瓶中取出试剂。④不可用鼻子对准试剂瓶口猛吸气。⑤试剂均应避免阳光直射及靠近暖气等热源。⑥应根据实验要求恰当地选用不同规格的试剂。

三、分析仪器

分析仪器的应用领域十分广泛,有的用于生产过程分析,有的用于环境监测,还有许多用于各个学科和企业部门的实验室。为了适应不同的需要,分析仪器的结构比较庞杂。

在环境监测过程中,分析仪器是常用的基本工具。其质量和性能的好坏会直接影响分析结果的准确性和精密度。常用的分析仪器有玻璃类仪器、天平、烘箱及专用监测仪器等。

常用的玻璃类仪器有烧杯、量筒、移液管、滴定管、容量瓶等。在分析工作中,洗涤玻璃仪器不仅是一项必须做的实验前的准备工作,也是一项技术性的工作。仪器洗涤是否符合要求,对检验结果的准确度和精密度均有影响。

环境检测实验室的天平按照其精确度可分为3种:①托盘天平,常用的精确度不高的天平。由托盘、横梁、平衡螺母、刻度尺、指针、刀口、底座、分度标尺、游码、砝码等组成,精确度一般0.1 g或0.2 g。②分析天平,分析天平一般是指能精确称量到0.0001 g(0.1 mg)的天平。③电子天平,用电磁力平衡被称物体重力的天平称之为电子天平。其特点是称量准确可靠、显示快速清晰,并且具有自动检测系统、简便的自动校准装置以及超载保护等装置。电子天平甚至可以称出一个血红蛋白的质量。

专用监测仪器有pH计、电导率仪、紫外-可见分光光度计、原子吸收分光光度计、气相色谱仪、液相色谱仪、ICP、FTIR、GC-MS、HLPC-MS等。

四、实验室管理制度

实验室作为实践教学中的重要手段,在学习和教学中扮演了重要的角色。正是认识到了实验室教学的重要性,各个学校的实验室相继落成。实验室的仪器、耗材、低值品等的需求也越来越大,古老的登记管理方式已经渐渐无法满足需求。

面对日益增多的实验教学需求,古老的人工管理方式和人工预约方式受到了强烈的冲击,更加简便、清晰、规范的实验室管理系统应运而生。

通过使用实验室管理系统实现高校实验室、实验仪器与实验耗材管理的规范化、信息化;提高实验教学特别是开放实验教学的管理水平与服务水平;为实验室评估、实验室建设及实验教学质量管理等的决策提供数据支持;智能生成每学年教育部数据报表,协助高校完成数据上报工作。运用计算机技术,特别是现代网络技术,为实验室管理、实验教学管理、仪器设备管理、低值品与耗材管理、实验室建设与设备采购、实验室评估与评教、实践管理、数据与报表等相关事务进行网络化的规范管理。

第三节 监测数据统计处理

一、数据处理和结果表述

(一)有效数字及有效数字的记录

1.有效数字。有效数字是指在分析和测量中所能得到的有实际意义的数字。有效数字的位数反映了计量器具的精密度和准确度。记录和报告的结果只包含有效数字,对有效数字的位数不能任意增删。因此必须按照实际工作需要对测量结果的原始数据进行处理。

2.有效数字的记录。有效数字保留的位数,应根据分析方法与仪器的准确度来确定,一般测得的数值中只有最后一位是可疑的。

例如,在分析天平上称取试样0.5000 g,这不仅表明试样的质量为0.5000 g,

还表明称量的误差在±0.0002 g以内。如将其质量记录成0.50 g,则表明该试样是在台秤上称量的,其称量误差为0.02 g,故记录数据的位数不能任意增加或减少。

如在上例中,在分析天平上测得称量瓶的质量为10.4320 g,这个记录有6位有效数字,最后一位是可疑的。因为分析天平只能准确到0.0002 g,即称量瓶的实际质量应为10.4320±0.0002 g,无论计量仪器如何精密,其最后一位数总是估计出来的。因此,所谓有效数字就是保留末一位不准确数字,其余数字均为准确数字。同时从上面的例子也可以看出有效数字是和仪器的准确程度有关,即有效数字不仅表明数量的大小而且也反映测量的准确度。

3.有效数字中"0"的意义。"0"在有效数字中有两种意义:一种是作为数字定值;另一种是有效数字。

例如,在分析天平上称量物质,得到如下质量:物质质量分别为10.1430 g、2.1045 g、0.2104 g、0.0120 g,其有效数字位数分别为6位、5位、4位、3位。以上数据中"0"所起的作用是不同的。在10.1430中两个"0"都是有效数字,所以它有6位有效数字。在2.1045中的"0"也是有效数字,所以它有5位有效数字。在0.2104中,小数点前面的"0"是定值用的,不是有效数字,而在数据中的"0"是有效数字,所以它有4位有效数字。在0.0120中,"1"前面的两个"0"都是定值用的,而在末尾的"0"是有效数字,所以它有3位有效数字。

综上所述,数字中间的"0"和末尾的"0"都是有效数字,而数字前面所有的"0"只起定值作用。以"0"结尾的正整数,有效数字的位数不确定。例如,4500这个数,就无法确定是几位有效数字,可能为2位或3位,也可能是4位。遇到这种情况,应根据实际有效数字书写成:$4.5×10^3$表示有2位有效数字,$4.50×10^3$表示有3位有效数字,$4.500×10^3$表示有4位有效数字。因此,很大或很小的数,常用10的乘方表示。当有效数字确定后,在书写时一般只保留一位可疑数字,多余数字按数字修约规则处理。对于滴定管、移液管和吸量管,它们都能准确测量溶液体积到0.01mL所以当用50 mL滴定管测定溶液体积时,如测量体积大于l0 mL、小于50 mL时,应记录为4位有效数字,如写成24.22 mL;如测定体积小于10 mL,应记录3位有效数字,如写成8.13 mL。当用25mL移液管移取溶液时,应记录为25.00 mL;当用5 mL移液管移取溶液时,应记录为5.00 mL。当用250 mL容量瓶配制溶液时,所配溶液体积应记录为250.0 mL。当用50 mL

容量瓶配制溶液时,应记录为50.00 mL。总而言之,测量结果所记录的数字,应与所用仪器测量的准确度相适应。

(二)有效数字的修约规则

各种测量、计算的数据需要修约时,应遵守下列规则:四舍六入五考虑,五后非零则进一,五后皆零视奇偶,五前为偶应舍去,五前为奇则进一。

(三)近似计算法则

1.加减运算。应以各数中有效数字末位数的数位最高者为准(小数即以小数部分位数最少者为准),其余数均比该数向右多保留一位有效数字。

2.乘除运算。应以各数中有效数字位数最少者为准,其余数均多取一位有效数字,所得积或商也多取一位有效数字。

3.平方或开方运算。其结果可比原数多保留一位有效数字。

4.对数运算。所取对数位数应与真数有效数字位数相等。

在所有计算公式中,常数π、e的数值以及因子等的有效数字位数,可认为无限制,需要几位就取几位。表示精度时,一般取一位有效数字,最多取两位有效数字。

(四)误差的基本概念

由于人们认识能力的局限,科学技术水平的限制以及测量数值不能以有限位数表示(如圆周率π)等原因在对某一对象进行试验或测量时,所测得的数值与其真实值不会完全相等,这种差异即称为误差。但是随着科学技术的发展,人们认识水平的提高,实践经验的增加,测量的误差数值可以被控制到很小的范围,或者说测量值可能更接近于其真实值。

1.真值。真值即真实值,是指在一定条件下被测量客观存在的实际值。真值通常是个未知量,一般所说的真值是指理论真值、规定真值和相对真值。

(1)理论真值:理论真值也称绝对真值,如平面三角形三内角之和恒为180°。

(2)规定真值:国际上公认的某些基准量值,如1960年国际计量大会规定"1 m等于真空中氪86原子的2P10和5d5能级之间跃迁时辐射的1650763.73个波长的长度"。1982年国际计量局召开的米定义咨询委员会提出新的米定义为"米等于光在真空中1/299792458秒时间间隔内所经路径的长度"。这个米基准就当作计量长度的规定真值。规定真值也称约定真值。

（3）相对真值：计量器具按精度不同分为若干等级，上一等级的指示值即为下一等级的真值，此真值称为相对真值。例如，在力值的传递标准中，用二等标准测力计校准三等标准测力计，此时二等标准测力计的指示值即为三等标准测力计的相对真值。

2.误差。根据误差表示方法的不同，有绝对误差和相对误差。

（1）绝对误差：是指实测值与被测量的真值之差。但是，大多数情况下真值是无法得知的，因而绝对误差也无法得到。一般只能应用一种更精密的量具或仪器进行测量，所得数值称为实际值，它更接近真值，并用它代替真值计算误差。

绝对误差具有以下一些性质：①它是有单位的与测量时采用的单位相同；②它能表示测量的数值是偏大还是偏小以及偏离程度；③它不能确切地表示测量所达到的精确程度。

（2）相对误差：是指绝对误差与被测真值（或实际值）的比值，相对误差不仅反映测量的绝对误差，而且能反映出测量时所达到的精度。

相对误差具有以下一些性质：①它是无单位的，通常以百分数表示，而且与测量所采用的单位无关；②能表示误差的大小和方向，因为相对误差大时绝对误差亦大；③能表示测量的精确程度。因此通常都用相对误差来表示测量误差。

3.误差的来源。在任何测量过程中，无论采用多么完善的测量仪器和测量方法，也无论在测量过程中怎样细心和注意，都不可避免地存在误差。产生误差的原因是多方面的，可以归纳如下：

（1）装置误差：主要由设备装置的设计制造、安装、调整与运用引起的误差。如试验机示值误差，等臂天平不等臂，仪器安装不垂直、偏心等。

（2）环境误差：由于各种环境因素达不到要求的标准状态所引起的误差。如混凝土养护条件达不到标准的温度、湿度要求等。

（3）人员误差：测试者生理上的最小分辨力和固有习惯引起的误差。如对准示值读数时始终偏左或偏右、偏上或偏下、偏高或偏低。

（4）方法误差：测试者未按规定的操作方法进行试验所引起的误差。如强度试验时试块放置偏心，加荷速度过快或过慢等。

需要指出,以上几种误差来源,有时是联合作用的,在进行误差分析时,可作为一个独立的误差因素来考虑。

4.误差的分类。误差就其性质而言,可分为系统误差、随机误差(或称偶然误差)和过失误差(或称粗差)。

(1)系统误差:在同一条件下多次重复测试同一量时误差的数值和正负号有较明显的规律。系统误差通常在测试之前就已经存在,而且在试验过程中,始终偏离一个方向,在同一试验中其大小和符号相同。例如,试验机示值的偏差等。系统误差容易识别,并可通过试验或用分析方法掌握其变化规律,在测量结果中加以修正。

系统误差的来源:仪器误差、方法误差、试剂误差和操作误差。

系统误差的特点:单向性、重复性和可测性。

(2)随机误差:在相同条件下多次重复测试同一量时,出现误差的数值和正负号没有明显的规律,它是由许多难以控制的微小因素造成的。例如,原材料特性的正常波动,试验条件的微小变化等。由于每个因素出现与否以及这些因素所造成的误差大小、方向事先无法知道,有时大、有时小,有时正、有时负,其发生完全出于偶然,因而很难在测试过程中加以消除。但是,完全可以掌握这种误差的统计规律用概率论与数理统计方法对数据进行分析和处理,以获得可靠的测量结果。

随机误差的来源:可能是由于环境(气压、温度、湿度)的偶然波动或仪器的性能,分析人员对各份试样处理时不一致所产生的。

随机误差的特点:不确定性和随机性。

(3)过失误差:过失误差明显地歪曲试验结果,如测错、读错、记错或计算错误等。含有过失误差的测量数据是不能采用的,必须利用一定的准则从测得的数据中剔除。因此在进行误差分析时,只考虑系统误差与随机误差。

过失误差的来源:因操作不细心、加错试剂、读数错误、计算错误等引起结果的差异。

5.控制和消除误差的方法。控制和消除误差的方法包括:①正确选取样品量;②增加平行测定次数,减少偶然误差;③对照试验;④空白试验;⑤校正仪器和标定溶液;⑥严格遵守操作规程。

6.偏差。个别测量值和多次测量均值之差。分为绝对偏差、相对偏差、平均偏差、相对平均偏差、标准平均偏差等。

（1）绝对偏差：测定值与均值之差，用 d 表示。

（2）相对偏差：绝对偏差与均值之比，以 d_r 表示，常以百分数表示。

（3）平均偏差：又称算术平均偏差，是绝对偏差绝对值之和的平均值，常以 d 表示，用来表示一组数据的精密度。

（4）相对平均偏差：是平均偏差与均值之比，常以百分数表示。

（5）差方和：又称离差平方或平方和，是指绝对偏差的平方值和，用 S 表示。

（6）样本方差：以 s^2 表示。

（7）样本标准偏差：以 s 或 S_D 表示。

（8）样本相对标准偏差：又称变异系数，是样本标准偏差在样本均值中所占的百分数，用 C_v 表示。

7.极差。极差是一组测量值中最大值减去最小值之差，表示误差的范围。

8.总体和个体。研究对象的全体称为总体，其中一个单位叫个体。

9.样本和样本容量。总体中的一部分叫样本，样本中含有个体的数目叫此样本的容量，记作 n。

10.平均数。平均数代表一组变量的平均水平或集中趋势，样本观测中大多数测量值靠近平均数。平均数包括：①算术均数，简称均数，最常用的平均数；②几何均数，当变量呈等比关系，常需用几何均数；③中位数，将各数据按大小顺序排列，位于中间的数据即为中位数，若为偶数取中间两数的平均值；④众数，一组数据中出现次数最多的一个数据。

平均数表示集中趋势，当监测数据是正态分布时，其算术均数、中位数和众数三者重合。衡量数据离散程度的量有：极差、平均偏差、标准偏差、变异系数。

（五）监测结果的表述

对于一个指定的试样的某一个指标的测定，其结果表达方式一般有以下几种。

1.用算术均值代表集中趋势。测定过程中，排除系统误差和过失误差，只存在随机误差时，当测定次数为无限多时的总体均值与真值非常接近，但是实际情况是只能测定有限次数。因此样本的算术平均数是代表集中趋势表达检测结果的最常见的一种方式。

2.用算术均数和标准偏差表示测定结果的精密度。算术均数代表集中趋势,标准偏差表示离散程度。算术平均数代表性的大小与标准偏差的大小有关,即标准偏差大,算术平均数代表性小,反之亦然。

3.用标准偏差和相对标准偏差表示结果。标准偏差大小还与所测均数水平或测量单位有关。不同水平或单位的测定结果之间,标准偏差是无法进行比较的,而相对标准偏差在一定范围内可用来比较不同水平或单位测定结果之间的变异程度。

4.均数置信区间和"t"值。均数置信区间是考察样本均数与总体均数之间的关系,即以样本均数代表总体均数的可靠程度。当从同一总体中随机抽取足够量的大小相同的样本,并对它们测定得到一批样本均数,如果原总体是正态分布,则这些样本均数的分布将随样本容量增大而趋向正态分布。

由于总体标准偏差不可知,故只能用样本标准偏差来代替,这样计算所得的均数标准偏差仅为估计值,均数标准偏差的大小反映抽样误差的大小,其数值愈小则样本均数愈接近总体均数,以样本均数代表总体均数的可靠性就愈大;反之,均数标准偏差愈大,则样本均数的代表性愈不可靠。

二、方差分析

方差分析是统计学上的一个概念,又称"变异数分析"或"F检验",是R.A. Fister发明的,用于两个及两个以上样本均数差别的显著性检验。

方差分析是分析试验数据和测量数据的一种常用的统计方法。环境监测是一个复杂的过程,各种因素的改变都可能对测量结果产生不同程度的影响。方差分析就是通过分析数据,弄清和研究对象有关的各个因素对该对象是否存在影响以及影响程度和性质。在实验室的质量控制、协作试验、方法标准化以及标准物质的制备工作中都经常采用方差分析。

方差分析的应用条件为:①各样本须是相互独立的随机样本;②各样本来自正态分布总体;③各总体方差相等,即方差齐性。

(一)方差分析中的名词

1.单因素试验和多因素试验。一项试验中只有一种可改变的因素叫单因素试验,具有两种以上可改变因素的试验称多因素试验。在数理统计中,通常用A、E等表示因素,在实际工作中可酌情自定,如不同实验室用L表示,不同方法用M表示等。

2.水平。因素在试验中所处的状态称水平。例如,比较使用同一分析方法的五个实验室是否具有相同的准确度,该因素有五个水平;比较三种不同类型的仪器是否存在差异,该因素有三个水平;比较九瓶同种样品是否均匀,该因素有九个水平。在数理统计中,通常用a、b等表示因素A、B等的水平数。在实际工作中可酌情自定,如因素L的水平数用l表示,因素M的水平数用m表示等。

3.总变差及总差方和。在一项试验中,全部试验数据往往参差不齐,这一总的差异称为总变差。总变差可以用总差方和(ST)来表示。ST可分解为随机作用差方和(SE)与水平间差方和。

4.随机作用差方和。产生总变差的原因中,部分原因是试验过程中各种随机因素的干扰与测量中随机误差的影响,表现为同一水平内试验数据的差异,这种差异用SE表示。在实际问题中SE常代之以具体名称,如平行测定差方和、组内差方和、批内差方和、室内差方和等。

5.水平间差方和。产生总变差的另一部分原因是来自试验过程中不同因素以及因素所处的不同水平的影响,表现为不同水平试验数据均值之间的差异,这种差异用各因素(包括交互作用)的水平间差方和SA、SB、$SA \times B$等表示,在实际问题中常代之以具体名称,如重复测定差方和、组间差方和、批间差方和、室间差方和等。

在多因素试验中,不仅各个因素在起作用,而且各因素间有时能联合起来起作用,这种作用被称为交互作用。如因素A与B的交互作用表示为A×B。

(二)假定条件和假设检验

1.方差分析的假定条件。方差分析的假定条件包括:①各处理条件下的样本是随机的;②各处理条件下的样本是相互独立的,否则可能出现无法解析的输出结果;③各处理条件下的样本分别来自正态分布总体,否则使用非参数分析;④各处理条件下的样本方差相同,即具有齐效性。

2.方差分析的假设检验。假设有K个样本,如果原假设样本均数都相同,K个样本有共同的方差,则K个样本来自具有共同方差和相同均值的总体。

如果经过计算,组间均方远远大于组内均方,则推翻原假设,说明样本来自不同的正态总体,说明处理造成均值的差异有统计意义;否则承认原假设,样本来自相同总体,处理间无差异。

(三)基本步骤

整个方差分析的基本步骤:①建立检验假设,H_0——多个样本总体均值相等,H_1——多个样本总体均值不相等或不全等,检验水准为0.05;②计算检验统计量F值;③确定P值并得出推断结果。

(四)相关分类

1.单因素方差分析。单因素方差分析是用来研究一个控制变量的不同水平是否对观测变量产生了显著影响。这里,由于仅研究单个因素对观测变量的影响,因此称为单因素方差分析。

例如,分析不同施肥量是否给农作物产量带来显著影响,考察地区差异是否影响妇女的生育率,研究学历对工资收入的影响等。这些问题都可以通过单因素方差分析得到答案。

单因素方差分析的第一步是明确观测变量和控制变量。例如,上述问题中的观测变量分别是农作物产量、妇女生育率、工资收入;控制变量分别为施肥量、地区、学历。

单因素方差分析的第二步是剖析观测变量的方差。方差分析认为观测变量值的变动会受控制变量和随机变量两方面的影响。据此,单因素方差分析将观测变量总的离差平方和分解为组间离差平方和与组内离差平方和两部分,用数学形式表述为:$SST=SSA+SSE$。

单因素方差分析的第三步是通过比较观测变量总离差平方和各部分所占的比例,推断控制变量是否给观测变量带来了显著影响。

单因素方差分析原理:在观测变量总离差平方和中,如果组间离差平方和所占比例较大,则说明观测变量的变动主要是由控制变量引起的,可以主要由控制变量来解释,控制变量给观测变量带来了显著影响;反之,如果组间离差平方和所占比例小,则说明观测变量的变动不是主要由控制变量引起的,不可以主要由控制变量来解释控制变量的不同水平没有给观测变量带来显著影响观测变量值的变动是由随机变量因素引起的。

单因素方差分析基本步骤:①提出原假设,H_0——无差异,H_1——有显著差异;②选择检验统计量,方差分析采用的检验统计量是F统计量,即F值检验;③计算检验统计量的观测值和概率P值,该步骤的目的就是计算检验统计量的观测值和相应的概率P值;④给定显著性水平,并做出决策。

单因素方差分析的进一步分析:在完成上述单因素方差分析的基本分析后,可得到关于控制变量是否对观测变量造成显著影响的结论,接下来还应做其他几个重要分析,主要包括方差齐性检验、多重比较检验。

方差齐性检验:是对控制变量不同水平下各观测变量总体方差是否相等进行检验。

前面提到,控制变量各水平下的观测变量总体方差无显著差异是方差分析的前提要求。如果没有满足这个前提要求,就不能认为各总体分布相同。因此,有必要对方差是否齐性进行检验。

SPSS(计算技术语)单因素方差分析中,方差齐性检验采用了方差同质性(homogeneity of variance)检验方法,其原假设是:各水平下观测变量总体的方差无显著差异。

多重比较检验:单因素方差分析的基本分析只能判断控制变量是否对观测变量产生了显著影响。如果控制变量确实对观测变量产生了显著影响,还应进一步确定控制变量的不同水平对观测变量的影响程度如何,其中哪个水平的作用明显区别于其他水平,哪个水平的作用是不显著的,等等。

例如,如果确定了不同施肥量对农作物的产量有显著影响,那么还需要了解10 kg、20 kg、30 kg肥料对农作物产量的影响幅度是否有差异,其中哪种施肥量水平对提高农作物产量的作用不明显,哪种施肥量水平最有利于提高产量等。掌握了这些重要的信息就能够帮助人们制订合理的施肥方案,实现低投入高产出。

多重比较检验利用了全部观测变量值,实现对各个水平下观测变量总体均值的逐对比较。由于多重比较检验问题也是假设检验问题,因此也遵循假设检验的基本步骤。

2.多因素方差分析。多因素方差分析基本思想:多因素方差分析用来研究两个及两个以上控制变量是否对观测变量产生显著影响。由于研究多个因素对观测变量的影响,因此称为多因素方差分析。多因素方差分析不仅能够分析多个因素对观测变量的独立影响,而且能够分析多个控制因素的交互作用能否对观测变量的分布产生显著影响,进而最终找到利于观测变量的最优组合。

例如,分析不同品种、不同施肥量对农作物产量的影响时,可将农作物产量作为观测变量,品种和施肥量作为控制变量。利用多因素方差分析方法,研究不同品种、不同施肥量是如何影响农作物产量的,并进一步研究哪种品种与哪种水平的施肥量是提高农作物产量的最优组合。

3.协方差分析。无论是单因素方差分析还是多因素方差分析,控制因素都是可控的,其各个水平可以通过人为的努力得到控制和确定。但在许多实际问题中,有些控制因素很难人为控制,但它们的不同水平确实对观测变量产生了较为显著的影响。

例如,在研究农作物产量问题时,如果仅考察不同施肥量、品种对农作物产量的影响不考虑不同地块等因素而进行方差分析,显然是不全面的。因为事实上有些地块可能有利于农作物的生长,而另一些却不利于农作物的生长。不考虑这些因素进行分析可能会导致即使不同的施肥量、不同品种农作物对产量没有产生显著影响,但分析的结论却可能相反。

再例如,分析不同的饲料对生猪增重是否产生显著差异。如果单纯分析饲料的作用,而不考虑生猪各自不同的身体条件(如初始体重不同),那么得出的结论很可能是不准确的。因为体重增重的幅度在一定程度上是受到诸如初始体重等其他因素影响的。

协方差分析的原理:协方差分析将那些人为很难控制的因素作为协变量,并在排除协变量对观测变量影响的条件下,分析控制变量(可控)对观测变量的作用,从而更加准确地对控制因素进行评价。

协方差分析仍然依凭方差分析的基本思想,并在分析观测变量变差时,考虑了协变量的影响,人为观测变量的变动受四个方面的影响:即控制变量的独立作用、控制变量的交互作用、协变量的作用和随机因素的作用,并在扣除协变量的影响后,再分析控制变量的影响。

方差分析中的原假设是:协变量对观测变量的线性影响是不显著的;在协变量影响扣除的条件下,控制变量各水平下观测变量的总体均值无显著差异,控制变量各水平对观测变量的效应同时为零。检验统计量仍采用F统计量,它们是各均方与随机因素引起的均方比。

三、测量结果的统计检验

与正常数据不是来自同一分布总体,明显歪曲试验结果的测量数据,称为离群数据,可能会歪曲试验结果,但尚未经检验断定其是否是离群数据的测量数据称为可疑数据。

在数据处理时,必须剔除离群数据以使测定结果更符合客观实际。正常数据总有一定分散性,如果人为地删去一些误差较大但并非离群的测量数据,由此得到精密度很高的测量结果并不符合客观实际。因此对可疑数据的取舍必须遵循一定的原则。

测量中发现明显的系统误差和过失误差,由此而产生的数据应随时剔除。而可疑数据的取舍应采用统计方法判别,即离群数据的统计检验。检验的方法很多,现介绍最常用的一种。

对监测结果进行统计检验是对分析结果的准确度进行检验。影响准确度的因素很多,除偶然误差外主要由系统误差引起。

(一)均值检验方法(t检验法)

发现隐藏在随机误差后面的系统误差。发现大于或与随机误差大小相等的系统误差。如精密度越高,随机误差越小,那么即使小的系统误差也易被发现。

1.平均值(样本均数)与标准值(总体均数)的显著性检验(t检验法)。检查分析方法或操作过程是否存在较大系统误差,可对标样进行若干次分析,利用t检验法比较分析结果的均值与标准值是否存在显著差异。若有显著差异,则存在系统误差,否则是由偶然误差引起的。

2.两组平均值的检验(t检验法)。不同的人、不同的方法、不同的仪器对同一种试样进行分析时,所得平均值一般不会相等。t检验法是检验两组平均值之间是否存在显著性差异的一种统计假设检验方法。如检验两个分析人员测定结果有无显著差异或两种测定方法有无显著差异。

(二)F检验法(方差分析)

方差是描述分散程度的,因此方差检验实际上是有关分散程度的检验,两个总体方差是否一致,或者说两组数据是否等精度,可用F检验法。

(三)监测数据的回归处理与相关分析

在环境监测中经常要了解各种参数之间是否有联系,可用一元线性回归处理的方法判断各参数之间的联系。

若两个变量 x 和 y 之间存在一定的关系,并通过试验获得 x 和 y 的一系列数据,用数学处理的方法得出这两个变量之间的关系式,这就是回归分析,也就是工程上所说的拟合问题,所得关系式称为经验公式,或称回归方程、拟合方程。

如果两变量 x 和 y 之间的关系是线性关系,就称为一元线性回归或称直线拟合。如果两变量之间的关系是非线性关系则称为一元非线性回归或称曲线拟合。

1.相关和直线回归方程。变量之间关系有两种主要类型:①确定性关系;②相关关系。

2.相关系数及其显著性检验。相关系数及其显著性检验包括:①相关系数 r 表示两个变量之间关系的性质和密切程度的指标,其值在 $-1 \sim +1$ 之间;②相关系数显著性检验。

3.计算 r 值。

4.按给定的 n 和 α 查相关系数临界值表得 r_α。

5.比较 r 和 r_α。若 r 的绝对值大于 r_α,线性相关,根据回归直线方程绘制的直线才有意义;反之,不存在线性关系。

第四节 实验室质量控制

一、基本概念

(一)准确度

用同一方法自某一总体反复抽样时,或自同一(或均匀)样本用同一方法反复测量时,各观测值离开观测平均值的程度。数据越分散,准确度越差。引起数据分散的随机误差作为反映准确度的定量指标。

(二)精密度

用同一测量方法自某一总体反复抽样时,样本平均值离开总体平均值的程度。系统误差越大即二者的偏差越大,则精密度越低。通常将系统误差的大小作为反映精密度高低的定量指标。

由此可见,精密度与准确度分别是对两类不同性质的系统误差和随机误差的描述。只有当系统误差和随机误差都很小时才能说精确度高。精确度是对系统误差和随机误差的综合描述。

对于上述概念,目前国内外尚不完全统一,有的把准确度称为正确度,而把精密度称为准确度;有的把精密度简称为精度,而有的则把精确度简称为精度。尽管在名词的称谓上有所差异,但其所包含的内容(即系统误差与随机误差对测量结果影响的程度)是完全一致的。

(三)灵敏度

灵敏度指某方法对单位浓度或单位量待测物质变化所产生的响应量变化程度。它可以用仪器的响应量或其他指示量与对应的待测物质的浓度或量之比来描述。如分光光度法,常用校准曲线的斜率度量灵敏度。K值越大,灵敏度越高。灵敏度与实验条件有关。

(四)检出限

检出限是指对某一特定的分析方法在给定的可靠程度(置信度)内可以从样品中检出待测物质的最小浓度或最小量。

所谓"检出"是指定性检测,即断定样品中确实存在有浓度高于空白的待测物质。

检出上限指与校准曲线直线部分的最高界限点相应的浓度值。

(五)校准曲线

校准曲线指描述待测物质浓度或量与相应的测量仪器响应量或其他指示量之间的定量关系曲线。

标准曲线是用标准溶液系列直接测量,没有经过水样的预处理过程。

工作曲线所使用的标准溶液经过了与水样相同的消解、净化、测量等全过程。

校准曲线的线性范围——某方法校准曲线的直线部分所对应的待测物质浓度或量的变化范围,称为该方法的线性范围。

标准曲线的绘制包括:①配制在测量范围内的一系列已知浓度标准溶液,至少应包括5个浓度点的信号值;②按照与样品测定相同的步骤测定各浓度标准溶液的响应值;③选择适当的坐标纸,以响应值为纵坐标,浓度(或量)为横坐标,将测量数据标在坐标纸上植点;④通过各点绘制一条合理的曲线,在环境监测中,通常选用它的直线部分;⑤校准曲线的点阵符合要求时,可用最小二乘法的原理计算回归方程。

(六)空白试验

空白试验也称作空白测定,指除用水代替样品外,其他所加试剂和操作步骤均与样品测定的完全相同的操作过程。空白试验应与样品测定同时进行。空白值的大小和它的分散程度影响着方法的检测限和测试结果的精密度。

影响空白值的因素包括纯水质量、试剂纯度、试液配制质量、玻璃器皿的洁净度、精密仪器的灵敏度和精确度、实验室的清洁度、分析人员的操作水平和经验,等等。

二、实验室质量控制分类

实验室质量控制包括实验室内部质量控制和实验室间质量控制两部分。常用的方法有分析标准样品以进行实验室之间的评价和分析测量系统的现场评价等。

(一)实验室内部质量控制

实验室内部质量控制,是实验室自我控制质量的常规程序,它能反映、分析质量稳定性如何,以便及时发现分析中的异常情况,随时采取相应的校正措施。其内容包括空白试验、校准曲线核查、仪器设备的定期标定、平行样分析、加标样分析、密码样品分析和编制质量控制图等。

(二)实验室间质量控制

实验室间质量控制包括分发标准样对诸实验室的分析结果进行评价、对分析方法进行协作实验验证、对加密码样进行考察等。它是发现和消除实验室间存在的系统误差的重要措施。通常是由常规监测以外的中心监测站或其他有经验人员来执行,以便对数据质量进行独立评价,各实验室可以从中发现所存在的系统误差等问题,以便及时校正、提高监测质量。

三、实验室认可

(一)实验室国家认可制度

国家实验室认可是指由政府授权或法律规定的一个权威机构(中国合格评定国家认可委员会 CNAS),对检测/校准实验室和检验机构有能力完成特定任务作出正式承认的程序,是对检测/校准实验室进行类似于应用在生产和服务的ISO 9001认证的一种评审,但要求更为严格,属于自愿性认证体系,它由中国合格评定国家认可委员会组织进行。通过认可的实验室出具的检测、检验、校准报告/证书可以加盖(CNAS)和ILAC的印章,所出具的数据国际互认。

我国的实验室认可机构是中国合格评定国家认可委员会(CNAS),是亚太实验室认可合作组织(APLAC)和国际实验室认可合作组织(ILAC)的正式成员。CNAS按照科学、公正与国际通行准则相一致的原则运作中国实验室认可体系。CNAS与签署互认协议的国家、地区实验室认可机构之间互认,即通过我国国家实验室认可的实验室,在成员国之间得到互认。

CNAS是我国唯一的实验室认可机构,承担全国所有实验室的ISO 17025标准认可。所有的校准和检测实验室均可采用和实施ISO 17025标准,按照国际惯例,凡是通过ISO 17025标准的实验室提供的数据均具备法律效应,得到国际认可。目前国内已有千余家实验室通过了ISO 17025标准认证,通过标准的贯彻,提高了实验数据和结果的精确性,扩大了实验室的知名度,从而大大提高了经济和社会效益。

中国实验室国家认可委员会的宗旨:①推进实验室和检查机构按照国际规范要求,不断提高技术和管理水平;②促进实验室和检查机构以公正的行为、科学的手段、准确的结果,更好地为社会各界提供服务;③统一对实验室和检查机构的评价工作,促进国际贸易。

ISO 17025标准主要包括:定义、组织和管理、质量体系、审核和评审、人员、设施和环境、设备和标准物质、量值溯源和校准、校准和检测方法、样品管理、记录、证书和报告、校准或检测的分包、外部协助和供给、投诉等内容。该标准中核心内容为设备和标准物质、量值溯源和校准、校准和检测方法、样品管理,这些内容重点是评价实验室校准或检测能力是否达到预期要求。

(二)实验室认可流程

1.实验室认可初次认可。实验室认可初次认可流程包括以下几点:

(1)意向申请:申请人可以用任何方式向CNAS秘书处表示认可意向,如来访、电话、传真以及其他电子通信方式。CNAS秘书处应向申请人提供最新版本的认可规则和其他有关文件。

(2)实验室认可正式申请:①申请人应按CNAS秘书处的要求提供申请资

料,并交纳申请费用。②CNAS秘书处审查申请人正式提交的申请资料,若申请人提交的资料齐全、填写清楚、正确,对CNAS的相关要求基本了解,质量管理体系正式运行超过6个月,且进行了完整的内审和管理评审,申请人的质量管理体系和技术活动运作处于稳定运行状态,聘用的工作人员符合有关法律法规的要求,则可予以正式受理,并在3个月内安排现场评审(申请人造成延误除外);否则,应进一步了解情况,在需要时征得申请人同意后可进行初访(费用由申请人负担),确定申请人是否具备在3个月内接受评审的条件。如申请人不能在3个月内接受评审,则应暂缓正式受理申请。③在资料审查、走访过程中CNAS秘书处应将所发现的与认可条件不符合之处通知申请人,不做咨询。④当申请人申请进行检测、校准或其他能力的认可时,必须提供参加了至少一项适宜的能力验证计划、比对计划或测量审核的证明。只有在申请人证明参加了能力验证活动且表现满意,CNAS才予以受理。

(3)实验室认可评审准备:①CNAS秘书处以公正性和非歧视性的原则指定评审组,并征得申请人同意,如申请人基于公正性理由对评审组的任何成员表示拒绝时,秘书处经核实后应给予调整。②评审组审查申请人提交的质量管理体系文件和相关资料,当发现文件不符合要求时,秘书处或评审组应以书面方式通知申请人采取纠正措施。秘书处根据评审组长的提议,认为需要时,可与申请人协商进行预评审。预评审只对资料审查中发现的需要澄清的问题进行核实或做进一步了解,不做咨询,但须向秘书处提交书面的预评审报告。在申请人采取有效纠正措施解决发现的主要问题后,评审组长方可进行现场评审。③文件审查通过后,评审组长与申请人商定现场评审的具体时间安排和评审计划,报CNAS秘书处批准后实施。④需要时CNAS可在评审组中委派观察员。

(4)实验室认可现场评审:①评审组依据CNAS的认可准则、规则和要求及有关技术标准对申请人申请范围内的技术能力和质量管理活动进行现场评审。现场评审时,要评审申请机构申请范围覆盖的、开展一项或多项关键活动的所有其他场所。②在对申请人的检测、校准、检查或其他能力进行现场评审时,应参考、利用申请人参与能力验证活动的情况及结果,必要时安排测量审核。③评审组还要对申请人的授权签字人进行考核。④评审组现场评审时,如发现被评审方在相关活动中存在违反国家有关法律法规或其他明显有损于

CNAS声誉和权益的情况,应及时报告CNAS。⑤现场评审结论分,符合、基本符合(须对不符合的纠正措施进行跟踪)、不符合三种,由评审组在现场评审结束时给出。⑥评审组长应在现场评审末次会议上,将现场评审报告复印件提交给被评审方。⑦被评审方在明确整改要求后应拟订纠正措施计划,并在三个月内完成,对监督、复评审的,在一个月或两个月内完成,提交给评审组,评审组应对纠正措施的有效性进行验证。⑧待纠正措施验证后,评审组长将整改验收意见连同现场评审资料报CNAS秘书处。

(5)实验室认可评定:①CNAS秘书处负责将评审资料及所有其他相关信息(如能力验证、投诉、争议等)提交给评定委员会,评定委员会对申请人与认可要求的符合性进行评价并做出决定。②经评定后,由秘书处办理相关手续。

(6)批准发证:①CNAS向获准认可机构颁发有CNAS授权人签章的认可证书,以及认可决定通知书和认可标识章,阐明批准的认可范围和授权签字人。认可证书有效期为5年。②CNAS秘书处负责将获得认可的机构及其被认可范围列入获准认可机构名录,予以公布。

2.实验室认可扩大、缩小认可范围。

(1)扩大认可范围:①获准认可机构在认可有效期内可以向CNAS提出扩大认可范围的申请。CNAS根据情况在监督评审、复评审时对申请扩大的认可范围进行评审,也可根据获准认可机构需要单独安排扩大认可范围的评审。扩大认可范围的认可程序与初次认可相似,必须经过申请、评审、评定和批准。对于原认可范围内的相关能力的简单扩充,不涉及新的技术和方法,可以进行资料审查后直接批准。②批准扩大认可范围的条件与初次认可相同,获准认可机构在申请扩大认可的范围内必须具备符合认可准则所规定的技术能力和质量管理要求。③适宜时,CNAS可要求提出申请扩大认可范围的有关获准认可机构参加能力验证计划,以验证其申请扩大认可范围内的技术能力。

(2)实验室认可缩小认可范围。第一,在下列情况下,会导致缩小认可范围:①获准认可机构自愿申请缩小其原认可范围;②业务范围变动使获准认可机构失去原认可范围内的部分能力;③监督评审、复评审或能力验证的结果表明获准认可机构某些检测、校准项目的技术能力或质量管理不再满足认可要求,且在CNAS规定的时间内不能恢复。第二,缩小认可范围的建议由CNAS秘书处提出,经评定委员会评定或秘书长经CNAS主任授权做出认可决定。

秘书处办理相应手续。

3.实验室认可监督评审。监督评审的目的是证实获准认可机构在认可有效期内持续地符合认可要求,并保证在认可规则和认可准则修订后,及时将有关要求纳入质量体系。所有获准认可机构均须接受CNAS的监督评审。监督评审包括现场监督评审和其他监督活动类型。

4.实验室认可复评审。获准认可机构应在认可有效期(5年)到期前6个月向CNAS提出复评审申请。CNAS在认可有效期到期前应根据获准认可机构的申请组织复评审,以决定是否延续认可至下一个有效期。

复评审的其他要求和程序与初次认可一致,是针对全部认可范围和全部认可要求的评审。评审组长应对纠正措施的有效性进行验证。复评中发现不符合时,被评审方在明确整改要求后应拟订纠正措施计划,提交给评审组,整改期限一般为两个月,对影响检测结果的不符合处,纠正要在一个月内完成。评审组长应对纠正措施的有效性进行验证。

5.实验室认可的变更。实验室认可的变更包括以下两点:

(1)获准认可机构的变更处理:①变更通知获准认可机构在发生下述任何变化时,应在变更后一个月内以书面形式通知CNAS;②实验室认可变更的处理,CNAS在得到变更通知并核实情况后,视变更性质采取措施。

(2)实验室认可规则、认可准则的变更:①当认可规则、认可准则发生变更时,CNAS通过CNAS网站、发电子邮件、发函等形式及时通知可能受到影响的获准认可机构和有关申请人。②当认可条件和认可准则发生变化时,CNAS应制订并公布其向新要求转换的办法和期限,在此之前要听取各有关方面的意见,以便让获准认可机构有足够的时间适应新的要求。CNAS可以通过监督评审或复评审的方式对获准认可机构与新要求的符合性进行确认,在确认合格后方能继续认可。③获准认可机构在完成转换后,应及时通知CNAS。获准认可机构如在规定的期限不能完成转换,CNAS可以撤销认可。

第五节 环境监测标准物质

一、环境标准物质

(一)环境标准物质的定义

1.标准物质。标准物质又称标准参考物质、参考物质、标准样品等。国际标准化组织推荐使用"有证参考物质"(Certified Reference Material,缩写为CRM)一词。我国的标准物质以BW("标物"的汉语拼音缩写)为代号。

2.环境标准物质。环境标准物质又称环境标准参照物质,是在组成与性质上与被测的环境物质相似的参照物质。由于目前所用的仪器分析方法仅是一种相对的测定法,要用标准参照物质对仪器分析加以校正,以排除在被测成分的量与测定信号之间所引起的干扰和影响,从而获得较准确的测定值。

环境标准物质是按规定的准确度和精密度确定了物理特性值或组分含量值,在相当长时间内具有高度的均匀性、稳定性和量值准确性,并在组成和性质上接近于环境样品的物质。

它在环境监测质量保证中具有非常重要的作用,主要用于确定物质特性量值、校准仪器、检验分析测定方法及监测质量考核等。

环境标准物质只是标准物质中的一类。20世纪80年代,标准物质的发展已进入了在全世界范围内普遍推广使用的阶段。环境标准物质不仅成为环境监测中传递准确度的基准物质,而且也是实验室分析质量控制的物质基础。在世界范围内,已有近千种环境标准物质。其中中国使用量较大的代表性标准物质有果树叶、小牛肝和标准气体;日本的胡椒树叶、底泥和人头发标准物质;中国的水、气、土、生物和水系沉积物以及大米粉标准物质等。

环境标准物质是环境监测中传递准确度的基准物质,也是控制实验室分析质量的物质基础。随着环境管理的加强和环境科学的发展,环境监测的范围越来越广,环境监测数据的可比性、一致性、可靠性显得更加重要。作为量值传递和质量保证基础的环境标准物质的制备和使用越来越受到重视,并逐渐规范化。

（二）环境标准物质的特性

环境标准物质具有以下特性：①良好的基体代表性；②高度的均匀性；③良好的稳定性和长期保存性；④含量准确。

（三）环境标准物质的应用

环境标准物质在环境监测中的应用：环境监测仪器的验收和校准环境标准物质在计量监督部门对强制性检定的仪器进行检定时经常用到，可使这些仪器能溯源到国家标准；同时在日常的分析检测工作中也会经常用环境标准物质来校准仪器控制测量的准确度和精密度。如果采用自配标准溶液不但费时费力而且容易引入误差，难以使分析结果具有可比性。

环境标准物质应用的具体内容包括：①评价监测分析方法的准确度和精密度，研究和验证标准方法，发展新的监测方法。②校正和标定分析测试仪器，发展新的监测技术。③提高协作实验结果的质量，在协作实验中用于评价实验室的管理效能和测试人员的技术水平从而提高实验室提供可靠数据的能力。④用作量值传递和追溯的标准，由于环境标准物质不仅有接近真值的保证值，而且具有追溯性。利用标准物质的准确性传递系统和追溯系统能够保证国家之间、行业之间以及各实验室之间数据的可比性和一致性。⑤把标准物质当作工作标准和监控标准使用，利用环境标准物质绘制校准曲线，与未知试样同时分析确定未知试样中待测组分的含量。⑥以一级标准物质作为真值，控制二级标准物质和质量控制样品的制备和定值，也可为新型标准物质的研制生产提供保证。⑦用于环境监测数据的仲裁等。

（四）环境标准物质的制备和定值

理想的环境标准物质应是直接从环境中采集对其中各组分含量、均匀性和稳定性进行测定。环境标准物质的制备一般为人工合成。

制备方法如下：①调查样品组成和浓度；②制备模拟样品；③均匀性和稳定性试验；④确定保证值；⑤报批。

（五）环境标准物质选择的原则

环境监测质量保证中应根据分析方法和被测样品的具体情况选用适当的环境标准物质。选择标准物质应考虑以下原则：

1.基体组成的选择。标准物质的基体组成与被测样品的组成越接近越好,这样可以消除二者基体差异引入的系统误差。

2.对标准物质准确度水平的选择。标准物质的准确度应比被测样品预期达到的准确度高3~10倍。

3.标准物质浓度水平的选择。分析方法的精密度是被测样品浓度的函数,所以要选择浓度水平适当的标准物质。

4.取样量。取样量不得小于标准物质证书中规定的最小取样量。

二、我国环境标准物质现状

(一)标准物质的分类

我国将标准物质分为13类,分类情况参见表3-3。

表3-3 标准物质的分类

序号	类别	一级标准物质数	二级标准物质数
1	钢铁	258	142
2	有色金属	165	11
3	建材	35	2
4	核材料	135	11
5	高分子材料	2	3
6	化工产品	31	369
7	地质	238	66
8	环境	146	537
9	临床化学与药品	40	24
10	食品	9	11
11	煤炭、石油	26	18
12	工程	8	20
13	物理	75	208
合计		1168	1422

我国已批准一级标准物质1168种(其中含基准物质108种),二级标准物质1422种,包括纯物质、固体、气体和水溶液的标准。

(二)标准物质的分级

我国将标准物质等级划分为两级,即国家一级标准物质和二级标准物质。

1.一级标准物质。经中国计量测试学会标准物质专业委员会技术审查和国家计量局批准而颁布的附有证书的标准物质。一级标准物质定值的不准确度为0.3%~1%。

一级标准物质符合如下条件：①用绝对测量法或两种以上不同原理的准确可靠的方法定值。在只有一种定值方法的情况下,用多个实验室以同种准确可靠的方法定值。②准确度具有国内最高水平,均匀性在准确度范围之内。③稳定性在一年以上,或达到国际上同类标准物质的先进水平。④包装形式符合标准物质技术规范的要求;⑤应具有国家统一编号的标准物质证书。⑥应保证其均匀度在定值的精密度范围内。

2.二级标准物质。指各工业部门或科研单位研制出来的工作标准物质。经有关主管部门审批,报国家计量局备案。二级标准物质定值的不准确度为1%~3%。

二级标准物质应符合如下条件：①用与一级标准物质进行比较测量的方法或一级标准物质的定值方法定值;②准确度和均匀性未达到一级标准物质的水平,但能满足一般测量的需要;③稳定性在半年以上,或能满足实际测量的需要;④包装形式符合标准物质技术规范的要求。

(三)标准物质的编号

一级标准物质的编号是以标准物质代号"GEW"冠于编号前部,编号的前两位数是标准物质的大类号。后三位数是标准物质的小类号,最后二位是顺序号。

二级标准物质的编号与一级类似是以二级标准物质代号"GEW"冠于编号前部,编号的前两位数是标准物质的大类号,后四位数为顺序号,生产批号用英文小写字母表示,排于编号的最后一位。

(四)环境监测实验室使用的标准物质

目前环境监测实验室使用的标准物质按照其特性可以分为三类:第一类是物理特性标准物质;第二类是化学特性标准物质;第三类是微生物检测质量控制标准样品。

1.用于测量装置(仪器)的标准物质。环境实验室使用的物理特性标准物质主要有用于对噪声监测仪进行校准的标准声级校准器(标准声源)、用于天平校准核查用的标准砝码、用于辐射测定仪器校准的标准放射源等,这类标准物质的管理可以纳入仪器设备的管理范畴。

2.化学特性标准物质。按照标准物质的性状可以分为三类。

（1）气态标准物质：又称为标准气体。用于气体监测项目的量值溯源，如用于大气自动监测仪校准用的SO_2标气、NO标气、CO标气、非甲烷烃标气等；用于理化仪器监测的有机物标准气体；用于污染源仪器校准核查的SO_2、NO标准气体。

这些标准气体大部分为国家有证标准气体，为一级标准物质或二级标准物质。

（2）液体标准物质：分为标准溶液和标准样品。

标准溶液，为已知准确浓度的溶液。在滴定分析中常用作滴定剂。在光谱分析法、色谱分析方法中用标准溶液绘制工作曲线或作计算标准。

标准溶液配制方法有两种：一种是直接法，即准确称量基准物质，溶解后定容至一定体积；另一种是标定法，即先配制成近似需要的浓度，再用基准物质或用标准溶液进行标定。

目前标准溶液的来源有两种：一种为购买的国家有证标准物质，直接使用或取一定体积稀释定容后使用；另一种为自配标准溶液。

标准样品包括水质监测标样、空气监测标样和有机物监测标样，其标准值和不确定度由多个具有资质的实验室采用一种或多种准确可靠的分析方法共同测定后确定，主要用于环境监测及分析测试中的质量保证和质量控制，也可用于仪器校准、方法验证和技术仲裁。

（3）固体标准物质：通常使用的为固体标准样品包括土壤标准样品、煤质标准样品、植物标准样品、生物标准样品和工业固体废弃物标准样品。用途与液体环境标准样品相同。

3.微生物检测质量控制标样。用于培养基（营养琼脂）质量检定和微生物监测的质量保证和质量控制。

第四章 环境监测技术应用

随着科学技术的进步,自动分析、遥感监测、大数据分析等现代化手段在环境监测中得到了广泛的应用,各种自动连续监测系统相继问世,环境监测从单一的以化学分析为主发展到物理、生物、生态、遥感、信息化等综合监测,从间断性监测逐步过渡到自动连续监测,监测范围也从原来的局部监测发展到一个城市、一个区域、整个国家乃至全球范围。

第一节 连续自动监测技术

环境中污染物质的浓度和分布是随时间、空间、气象条件及污染源排放情况等因素的变化而改变的,定点、定时人工采样测定结果难以确切反映污染物质的动态变化,不能及时提供污染现状和预测发展趋势。发展连续自动监测技术能够及时获取污染物质在环境中的动态变化信息,准确评价污染状况,为研究污染物扩散、转移和转化规律提供依据。

一、连续自动监测系统组成

连续自动监测系统一般是指由若干个固定子站和一个中心站以及信息传输系统组成的,能够实现连续性、自动化监测的系统。

各子站内设有自动测定各种污染物的监测传感器(仪器仪表)、专用微处理机及通信系统等。其任务是在无人值守的情况下,监测仪器自动连续对污染物进行采样检测,专用微处理机对各台仪器检测出的污染物质、气象和水文参数测量值进行存储、显示、报警和输出。子站与中心站之间的信息和数据由无线或有线收发传输系统完成。

中心站是环境自动连续监测系统的指挥中心,也是信息数据处理中心,站内设有计算机及其相应外围设备、通信设备等,执行对各子站的状态信息及监测数据的收集、运算、显示、存储以及向各子站发送遥控指令等功能,向环境保护行政主管部门报告环境质量状况,也可以向社会发布环境质量信息。

二、空气污染连续自动监测系统

空气污染连续自动监测系统的任务是对空气中的污染物进行连续自动的监测,获得连续瞬时空气污染信息,提供空气污染物的时间–浓度变化曲线,各类平均值与频数分配统计资料,为掌握空气污染特征及变化趋势,分析气象因素与空气污染的关系,评价环境空气质量提供基础数据。同时,通过连续瞬时监测,还可以掌握空气污染事故发生时空气污染状况及气象条件,为分析污染事故提供第一手资料,并为验证空气污染物扩散模式、管理空气环境质量提供依据。

(一)空气污染连续自动监测系统的组成

空气污染连续自动监测系统由一个中心站、若干个子站和信息传输系统组成。

中心站设有功能齐全的计算机系统和通信系统,其主要任务是向各子站发送各种工作指令,管理子站的工作,定时收集各子站的监测数据并进行处理,打印各种报表,绘制各种图形。同时,为满足检索和调用数据的需要,还能将各种数据存储在磁盘上,建立数据库。当发现污染物浓度超标时,立即发出遥控指令,如指令排放污染物的单位减少排放时,通知居民引起警惕,或者采取必要的措施等。

子站按其任务不同可分为两种:一种是为评价地区整体的空气污染状况设置的,装备有空气污染连续自动监测仪(包括校准仪器)、气象参数测量仪和环境微机;另一种是为掌握污染源排放污染物浓度等参数变化情况而设置的烟气污染组分监测仪和气象参数测量仪。环境微机及时采集空气污染监测仪等仪器的测量数据,将其进行处理和存储,并通过全球移动通信系统传输到中心站。

(二)监测项目及监测方法

空气污染自动监测系统的监测项目有二氧化硫、二氧化氮、一氧化碳、臭氧、可吸入颗粒物(PM10)和细颗粒物(PM2.5)、总悬浮颗粒物(TSP)、氮氧化物等污染参数,以及温度、湿度、大气压、风速、风向、日照量等气象参数。

自动监测系统须满足实时监控的数据采集要求。连续采样实验室监测分析方法要满足《环境空气监测技术规范》和《环境空气质量标准》对长期、短期浓度统计的数据有效性的规定。被动式吸收监测方式可根据被监测区域的具体情况,采取每周、每月或数月1次的频次。

对主要监测项目的监测分析方法列举如表4-1所示。随着仪器的进步,监测方法也将会有所变化。

表4-1　空气中主要污染物自动分析方法

监测项目	自动分析方法
SO_2	紫外荧光法、差分吸收光谱分析法(differential optical absorption spectroscopy, DOAS)
NO_2、NO_x	化学发光法、DOAS法
CO	非分散红外吸收法、气体滤波相关红外吸收法
O_3	紫外荧光法、DOAS法
PM10、PM2.5	β射线吸收法、微量振荡天平法

(三)常用监测仪器

1.SO_2自动监测仪。连续或间歇自动测定空气中SO_2的监测仪器有:紫外荧光监测仪、恒电流库仑滴定式SO_2监测仪、电导式SO_2监测仪、火焰光度法硫化物监测仪及比色法硫化物监测仪。其中以紫外荧光监测仪应用最为广泛,其测定的基本原理是利用紫外光(190 nm ~ 230 nm)激发SO_2分子,激发态SO_2分子返回基态时发射出特有的荧光(240 nm ~ 420 nm),由光电倍增管将荧光强度信号转换成电信号,通过电压/频率转换成数字信号送给CPU进行数据处理,荧光强度与SO_2浓度成正比,从而测出SO_2浓度。

紫外荧光SO_2监测仪由活性炭过滤器、三通阀、反应室、流量限制器、流量调节阀、出口抽气泵、参比检测器、接收器、放大器等部件组成。

2.氮氧化物自动监测仪。连续或间断自动测定空气中NO_x的仪器以化学发光NO_x自动监测仪应用最多,其他还有恒电流库仑滴定法NO_x自动监测仪,比色法NO_x自动监测仪。

化学发光法的原理是基于NO被O_3氧化成激发态NO_2^*,当其返回基态时,放出与 NO 浓度成正比的光。用红敏光电倍增管接收可测出 NO 的浓度。对于总氮氧化物的测定,需先将 NO₂ 通过铝催化剂还原成 NO 再与 O₃ 反应进行测定。

3.臭氧自动监测仪。连续或间歇自动测定空气中 O₃ 的仪器以紫外吸收 O₃ 自动监测仪应用最广,其次是化学发光 O₃ 自动监测仪。紫外光度法臭氧监测仪是利用 O₃ 对紫外光(254 nm)的吸收,直接测定紫外光通过 O₃ 后减弱的程度,根据吸光度求出 O₃ 浓度。该法设备简单,无试剂、气体消耗。化学发光 O₃ 监测仪,由于使用易燃易爆的乙烯,因此要特别注意安全。

4.一氧化碳自动监测仪。连续测定空气中 CO 的自动监测仪以非分散红外吸收 CO 自动监测仪和相关红外吸收 CO 自动监测仪为主,前者应用更广泛。非分散红外吸收 CO 自动监测仪的测定原理基于 CO 对红外线具有选择性的吸收(吸收峰在 4.5 μm 附近),在一定浓度范围内,其吸光度与 CO 浓度之间的关系符合朗伯比尔定律,故可根据吸光度测定 CO 的浓度。

5.PM10 和 PM2.5 自动监测。仅自动测定空气中 PM10 和 PM2.5 多采用 β 射线吸收自动监测仪,还有石英晶体振荡天平自动监测仪和光散射自动监测仪。

β 射线吸收法的原理基于物质对 β 射线的吸收作用。当 β 射线通过被测物质时,射线强度衰减程度与所透过物质的质量有关,而与物质的物理、化学性质无关。射线吸收自动监测仪是通过测定清洁滤带(未采集颗粒物)和采样滤带(已采集经切割器分离的 PM10 或 PM2.5)对 β 射线吸收程度的差异来测定所采颗粒物量。因为采集气样的体积是已知的,故可得知空气中的 PM10 或 PM2.5 浓度。

石英晶体振荡天平自动监测仪以石英晶体谐振器为传感器。石英晶体谐振器是一个两侧装有励磁线圈,顶端安放可更换滤膜的石英晶体镀形管。励磁线圈为石英晶体谐振提供激励能量。当含 PM10 或 PM2.5 的气样流过滤膜时,颗粒物沉积在滤膜上,使滤膜质量发生变化,导致石英晶体谐振器的振荡频率降低,根据二者的关系式计算出 PM10 或 PM2.5 的质量浓度。

6.差分吸收光谱自动监测仪。差分吸收光谱(DOAS)自动监测仪可测定空气中 SO₂、O₃、NO₂ 等多种污染物,具有范围广、测量周期短、响应快、属非接触式测定等优点。

DOAS法是20世纪90年代从欧洲发展起来的新型自动监测技术,是利用气体分子对光能产生吸收的基本原理来测量空气中所含气体分子的种类及浓度。SO_2和O_3对200 nm～350 nm波长光有很强的吸收;NO_2在440 nm附近差分吸收强烈;CH_2O在340 mm,C_6H_6在250 nm附近吸收也很明显;CO的吸收主要集中在红外线波段。

(四)烟气排放连续监测系统

烟气连续排放监测系统(continuous emission monitoring system,CEMS)是指对固定污染源排放的颗粒物和(或)气态污染物的排放浓度及其排放量和相关排气参数进行连续、实时自动监测的仪器仪表设备,通过该系统跟踪测定获得的数据:一是用于评价排污企业排放烟气污染物浓度和排放总量是否符合排放标准,实施实时监管;二是用于对脱硫、脱硝等污染治理设施进行监控,使其处于稳定运行状态。

《固定污染源烟气(SO_2、NO_x、颗粒物)排放连续监测技术规范》(HJ 75—2017)和《固定污染源烟气(SO_2、NO_x、颗粒物)排放连续监测系统技术要求及检测方法》(HJ 76—2017)中,对CEMS的组成和功能、技术性能、技术要求、监测项目和检测方法及安装、管理和质量保证等都做了明确规定。

1.CEMS的组成和结构。CEMS由颗粒物监测单元和(或)气态污染物SO_2和(或)NO_x监测单元、烟气参数监测单元、数据采集与处理单元组成。系统测量烟气中颗粒物浓度、气态污染物SO_2和(或)NO_x浓度、烟气参数(温度、压力、流速或流量、湿度、含氧量等),同时计算烟气中污染物排放速率和排放量,显示和记录各种数据和参数,形成相关图表,并通过数据、图文等方式传输至管理部门。

CEMS系统结构主要包括样品采集和传输装置、预处理设备、分析仪器、数据采集和传输设备以及其他辅助设备等。依据CEMS测量方式和原理的不同,CEMS由上述全部或部分结构组成。

2.颗粒物(烟尘)自动监测仪。烟尘的测定方法有浊度法、光散射法、β射线吸收法等。浊度法测定烟尘的原理基于烟气中颗粒物对光的吸收,当被斩光器调制的入射光束穿过烟气到达反光镜组时,被角反射镜反射再次穿过烟气返回到检测器,根据用测定烟尘的标准方法对照确立的烟尘浓度与检测器输出信号间的关系,仪器经校准后即可显示、输出实测烟气的烟尘浓度。光散射法基于颗粒物对光的散射作用,通过测量偏离入射光一定角度的散射光强度,间接测定烟尘的浓度。根据散射光偏离入射光的角度不同,其监测仪器有后散射烟尘监测仪、边散射烟尘监测仪和前散射烟尘监测仪。

3.气态污染物的测定。烟气具有温度高、湿度大、腐蚀性强和含尘量高的特点,监测环境恶劣、测定气态污染物需要选择适宜的采样、预处理方式及自动监测仪。

(1)采样方式:连续自动测定烟气中气态污染物的采样方式分为抽取采样法和直接测量法。抽取采样法又分为完全抽取采样法和稀释抽取采样法;直接测量法又分为内置式测量法和外置式测量法。

完全抽取采样法是直接抽取烟囱或烟道中的烟气,经处理后进行监测,其采样系统有2种类型,即热-湿采样系统和冷凝-干燥采样系统。稀释抽取采样法是利用探头内的临界限流小孔,借助于文丘里管形成的负压作为采样动力,抽取烟气样品,用干燥气体稀释后送入监测仪器。稀释探头有2种类型,一种是烟道内稀释探头;另一种是烟道外稀释探头。

直接测量法类似于测量烟气烟尘,将测量探头和测量仪器安装在烟囱(道)上,直接测定烟气中的污染物。这种测量系统一般有2种类型,一种是将传感器安装在测量探头的端部,探头插入烟囱(道)内用电化学法或光电法测定,相当于在烟囱(道)中一个点上测量,称为内置式。另一种是将测量仪器部件分装在烟囱(道)两侧,用吸收光谱法测定,如将光源和光电检测器单元安装在烟囱(道)的一侧,反射镜单元安装在另一侧,入射光穿过烟气到达反射镜单元,被反射镜反射,进入光电检测器,测量污染物对特征波长光的吸收,相当于线测量,这种方式将光学镜片全部装在烟囱(道)外,不易受污染,称为外置式。

(2)监测仪器:监测烟气中气态污染物的仪器,除采样单元外,还包括测量单元(光学部件和光电转换器或电化学传感器)、校准系统、自动控制和显示记录单元,信号处理单元等。烟气中气态污染物常用的监测仪器有非色散红外吸收自动监测仪、非色散紫外吸收自动监测仪、紫外荧光自动监测仪、定电位电解自动监测仪、化学发光自动监测仪等。

三、水质连续自动监测系统

水质在线自动监测系统是一套以在线自动分析仪器为核心,运用现代传感器技术,自动测量技术、自动控制技术、计算机应用技术以及相关的专用分析软件和通信网络所组成的一个综合性的在线自动监测体系。

一套完整的水质自动监测系统能连续、及时、准确地监测目标水域的水质及其变化状况。中心控制室可随时取得各子站的实时监测数据,统计、处理监测数据;可打印输出日、周、月、季、年平均数据以及日、周、月、季、年最大值、年最小值等各种监测、统计报告及图表(棒状图、曲线图、多轨迹图、对比图等),并可输入中心数据库或上网。收集并可长期存储指定的监测数据及各种运行资料、环境资料备检索。系统具有监测项目超标及子站状态信号显示、报警功能;自动运行、停电保护、来电自动恢复功能;维护检修状态测试,便于例行维修和应急故障处理等功能。

实施水质自动监测,可以实现水质的实时连续监测和远程监控,达到及时掌握主要流域重点断面水体的水质状况、预警预报重大或流域性水质污染事故、解决跨行政区域的水污染事故纠纷、监督总量控制制度落实情况、排放达标情况等目的。

(一)水质连续自动监测系统的组成

与空气污染连续自动监测系统类似,水质连续自动监测系统也由一个监测中心站,若干个固定监测站(子站)和信息数据传递系统组成。中心站的任务与空气污染连续自动监测系统相同。

各子站装备有采水设备、水质污染监测仪器及附属设备,水文、气象参数测量仪器,微型计算机及通信设备。其任务是:①对设定水质参数进行连续或间断自动监测,并将测得数据做必要处理;②接受中心站的指令;③将监测数据做短期存储,并按中心站的调令,通过通信设备传递系统传给中心站。

(二)监测项目及监测方法

水质监测项目包括常规指标、综合指标和单项污染指标,综合指标是反映有机物污染状况的指标,根据水体污染情况,可选择其中一项测定,地表水一般测定高锰酸钾指数。水质可连续自动监测的项目及方法列于表4-2。

表4-2 水污染可连续自动监测的项目及方法

指标	项目	监测方法
常规指标	水温	热敏电阻法或铂电阻法
	pH	电位法(pH玻璃电极法)

指标	项目	监测方法
常规指标	电导率	电导电极法
	浊度	光散射法
	溶解氧（DO）	隔膜电极法（电池式或极谱式）
综合指标	高锰酸盐指数（COD_{Mn}）	电位滴定法、分光光度法
	化学需氧量（COD）	恒电流滴定法、分光光度法、比色法电位法
	总需氧量（TOD）	电位法
	总有机碳（TOC）	非色散红外吸收法或紫外吸收法
	生化需氧量（BOD）	微生物膜电极法（用于污水）
单项污染指标	氨氮	气敏电极法、流动注射–分光光度法
	总氮	紫外分光光度法、化学发光分析法
	总磷	分光光度法
	氟离子	离子选择电极法
	氯离子	离子选择电极法
	氰离子	离子选择电极法
	六价铬	比色法
	苯酚	比色法或紫外吸收法
	油类	荧光光谱法、紫外分光光度法

根据《地表水自动监测技术规范（试行）》（HJ 915—2017），地表水水质自动监测项目分为必测项目和选测项目，见表4-3。对于选测项目，应根据水体特征污染因子、仪器设备适用性、监测结果可比性，以及水体功能进行确定。仪器不成熟或其性能指标不能满足当地水质条件的项目不应作为自动监测项目。

表4-3 地表水水质自动监测站必测项目和选测项目

水体	必测项目	选测项目
河流	五项常规指标、高锰酸盐指数、氨氮、总磷、总氮	挥发酚、挥发性有机物、油类、重金属、粪大肠菌群、流量、流速、流向、水位等
湖泊、水库	五项常规指标、高锰酸盐指数、氨氮、总磷、总氮、叶绿素a	挥发酚、挥发性有机物、油类、重金属、粪大肠菌群、藻类密度、水位等

根据《水污染源在线监测系统（COD_{Cr}、NH_3-N等）安装技术规范》（HJ 353–

2019),水污染源连续自动监测的项目有:pH、化学需氧量、总有机碳、紫外吸收值、氨氮、总磷、污水排放总量及污染物排放总量等。企业排放废水的监测项目需要根据其所含污染物的特征进行增减。

(三)常用监测仪器

水质自动监测仪器仍在发展之中,目前的自动监测仪一般具有以下功能:①自动量程转换;②遥控、标准输出接口和数字显示;③自动清洗(在清洗时具有数据锁定功能)、状态自检和报警功能(如液体泄漏、管路堵塞、超出量程、仪器内部温度过高、试剂用尽、高/低浓度、断电等);④干运转和断电保护;⑤来电自动恢复等。化学需氧量、氨氮、总有机碳、总磷、总氮等仪器具有自动标定校正功能。

1.五项常规指标监测仪。五项常规指标监测仪采用流通式多传感器测量池结构,无零点漂移,无须基线校正,具有一体化生物清洗及压缩空气清洗装置。五项常规指标的测定不需要复杂的操作程序,五项监测仪可以安装在同一机箱内。

五项常规指标的测量原理分别为:①测水温为温度传感器法;②测 pH 为玻璃或锑电极法;③测溶解氧为金-银膜电极法;④测电导率为电流测量法;⑤测浊度为光学法(透射原理或红外散射原理)。

2.化学需氧量(COD)自动监测仪。COD 在线自动监测仪的主要技术原理有 6 种:重铬酸钾消解-光度测量法、重铬酸钾消解-恒电流滴定法、重铬酸钾消解-氧化还原滴定法、紫外吸收值 UV 计法(254 nm)、氢氧基及臭氧(混合氧化剂)氧化-电化学测量法、臭氧氧化-电化学测量法。这些技术方法各有优缺点,采用电化学原理或 UV 计的 COD 自动监测仪一般比采用消解-氧化还原滴定法、消解-光度法的仪器结构简单,操作方便,运行可靠。但由于对 COD 有贡献的有机污染物种类繁多,且不同种类有机物的紫外吸光系数各不相同,所以 UV 计只能作为特定方法用于特定的污染源监测。

COD 在线自动监测仪有流动注射-分光光度式 COD 自动监测仪、程序式 COD 自动监测仪和恒电流库仑滴定式 COD 自动监测仪。程序式 COD 自动监测仪基于在酸性介质中,加入过量的重铬酸钾标准溶液氧化水样中的有机物和无机还原性物质,用分光光度法测定剩余的重铬酸钾量,计算出水样消耗重铬酸钾量和 COD 仪器利用微型计算机或程序控制器将量取水样、加液、加热氧化、测定及数据处理等操作自动进行。恒电流库仑滴定式COD自动监测仪也是利用微型计算机将各项操作按预定程序自动进行,只是将氧化水样后剩余的重铬酸钾用恒电流滴定法测定,根据消耗电荷量与加入的重铬酸钾总量所消耗的电荷量之差,计算出水样的COD。

3.高锰酸盐指数自动监测仪。高锰酸盐指数在线自动监测仪的主要技术原理有3种:高锰酸盐氧化–分光光度法、高锰酸盐氧化–电流/电位滴定法、UV计法(与在线COD仪类似)。从分析性能上讲,目前的高锰酸盐指数在线自动分析仪已能满足地表水在线自动监测的需要。

4.BOD自动监测仪。该测定仪由测量池(装有微生物膜电极、鼓气管及被测水样)、恒温水浴、恒电压源、控温器、鼓气泵及信号转换和测量系统组成。恒定电压源输出0.72V电压,加于Ag-AgCl电极(正极)和黄金电极(负极)上,黄金电极因被测溶液BOD物质浓度不同产生的极化电流变化送至阻抗转换和微电流放大电路,经放大的微电流再送至I/V和A/D转换电路,或I/V和V/F转换电路,转接后的信号进行数字显示或由记录仪记录,仪器经用标准BOD物质溶液校准后,可直接显示被测溶液的BOD,并在20分钟内完成一个水样的测定。该仪器适用于多种易降解废水的BOD监测。

5.总需氧量(TOD)自动监测仪。TOD自动监测仪将含有一定浓度氧的惰性气体连续通过燃烧反应室,当将水样间歇或连续地定量打入反应室时,在900℃和铂催化剂的作用下,水样中的有机物和其他还原物质瞬间完全氧化,消耗了载气中的氧,导致载气中氧浓度的降低,其降低量用氧化锆氧量检测器测定。当用已知TOD的标准溶液校正仪器后,便可直接显示水样的TOD。氧化锆氧量检测器是一种高温固体电解质浓差电池,其参比半电池由多孔铂电极和已知含氧量的参比气体组成;测量半电池由多孔铂电极和被测气体组成,中间用氧化锆固体电解质连接,则在高温条件下构成浓差电池,其电动势取决于待测气体的氧浓度。所需载气用纯氮气通过置于恒温室中的渗氧装置(用硅酮橡胶管从空气中渗透氧于载气流中)获得。

6.总有机碳(TOC)自动监测仪。TOC自动监测仪,是将水溶液中的总有机碳氧化为二氧化碳,并且测定其含量。利用二氧化碳与总有机碳之间碳含量的对应关系,从而对水溶液中总有机碳进行定量测定。

仪器按工作原理不同,可分为燃烧氧化–非分散红外吸收法、电导法、气相色谱法等。其中燃烧氧化-非分散红外吸收法只需一次性转化,流程简单、重现性好、灵敏度高,因此,这种TOC分析仪广为国内外所采用。

TOC分析仪主要由以下几个部分构成:进样口、无机碳反应器、有机碳氧化反应器(或是总碳氧化反应器)、气液分离器、非分光红外CO_2分析器、数据处理部分。

7.氨氮自动监测仪。氨氮自动监测仪按照仪器的测定原理,分为分光光度式和氨气敏电极式2种氨氮自动监测仪。

(1)分光光度式氨氮自动监测仪:一种是将手工测定的标准操作方法(水杨酸-次氯酸盐分光光度法或纳氏试剂分光光度法)程序化和自动化的氨氮自动监测仪;另一种是流动注射-分光光度式氨氮自动监测仪。在自动控制系统的控制下,将水样注入由蠕动泵输送来的载流液(NaOH溶液)中,在毛细管内混合并进行富集后,送入气液分离器的分离室,释放出氨气并透过透气膜,被由恒流泵输送至另一毛细管内的酸碱指示剂(溴百里酚蓝)溶液吸收,发生显色反应,将显色溶液送入分光光度计的流通比色池,用光电检测器测其对特征波长光的吸光度,获得吸收峰高,通过与标准溶液吸收峰高比较,自动计算出水样的氨氮浓度。

(2)氨气敏电极式氨氮自动监测仪:是在自动控制系统的控制下,将水样导入测量池,加入氢氧化钠溶液,则水样中的离子态氨转换成游离态氨,并透过氨气敏电极的透气膜进入电极内部溶液,使其pH发生变化,通过测量pH的变化并与标准溶液pH的变化比较,自动计算水样的氨氮浓度。仪器结构简单,试剂用量少,测定浓度范围宽,但电极易受污染。

8.总氮自动监测仪。总氮(TN)自动监测仪的测定原理是:将水样中的含氮化合物氧化分解成NO_2或NO、NO_3,用化学发光分析法或紫外分光光度法测定。

根据氧化分解和测定方法不同,有3种TN自动监测仪:紫外氧化分解-紫外分光光度TN自动监测仪、催化热分解-化学发光TN自动监测仪、流动注射-紫外分光光度TN自动监测仪。

9.总磷自动监测仪。总磷(TP)自动监测仪有分光光度式和流动注射式,它们都是基于水样消解,将不同价态的含磷化合物氧化分解为磷酸盐,经显色后测其对特征光(880 nm)的吸光度,通过与标准溶液的吸光度比较,计算出水样TP浓度。

第二节 环境遥感监测技术

遥感是用飞行器或人造卫星上装载的传感器来收集地球表面地物空间分布信息的高科技手段。它具有广域、快速、可重复对同一地区获取时间序列信息的特点。遥感监测的实质是测量地物对太阳辐射能的反射光谱信息或地物自身的辐射电磁波波谱信息。每一地物反射和辐射的电磁波波长及能量都与其本身的固有特性及状态参数密切相关。装载于遥感平台上的照相机或扫描式光电传感器获取的地物数字图像,含有丰富的反映地物性质与状态的不同电磁波谱能量,从中可提取辐射不同波长的地物信息,进行统计分析和地物模式识别。

一、遥感技术概述

环境遥感监测技术是通过收集环境的电磁波信息对远距离的环境目标进行监测识别环境质量状况的信息。

根据所利用的电磁波工作波段,遥感监测技术可划分为可见光遥感、紫外遥感、反射红外遥感、热红外遥感、微波遥感等类型。

常用的遥感监测仪器(传感器)有:多波段照相机、电视摄像机、多波段光谱扫描仪(MSS)、电荷耦合器(CCD)、红外光谱仪、成像光谱仪等。

随着科学技术的快速发展,生态文明建设对于环境监测工作要求的提高,无人机与遥感技术结合产生了无人机遥感技术。该技术将无人驾驶飞行器作为载体平台,通过数字遥感设备进行环境信息的拍摄和记录,随后所拍摄的数据资料会通过计算机平台进行数字化处理、建模和分析。打破了传统环境监测的限制,提升了环境检测的效率和质量,利用无人机遥感技术实施环境监测已经成为开展环境工作的重要途径。

二、遥感技术在环境监测中的优势

(一)范围大、综合性好

遥感设备通常都是居高临下地获取相关信息,因此比地面采集设备的监视范围更广泛。大部分遥感技术都可以在空中对地面环境信息进行采集研究,从而推动环境监测工作更加立体,可以在短时间内进行大范围监测。

(二)信息获取量广、效率高

由于遥感技术应用了当代的飞行技术,可以快速获取被监测对象的数据资料,这就可以快速地获得图像、数据资料,这就能够加速环境监测进程。同时,当代遥感技术应用了电子光学仪器以及计算机进行处理、传输、编辑、翻译信息,实现了一体化的环境监控功能,也为构建环境数据模型提供了良好条件。

(三)手段多、技术先进

遥感技术的应用能够对高寒、原始森林、沼泽、沙漠等地区进行检测,从而解决传统遥感技术局限性等问题。在实际应用中,不仅能够获取地面可见光物体信息,可以采用获得紫外线、红外线等信息。除了可以通过摄影手段获取信息,还能够通过扫描方式获取相关信息。

三、环境遥感监测技术的应用

遥感的应用已深入农业、林业、渔业、地理、地质、海洋、水文、气象、环境监测、地球资源勘探、城乡规划、土地管理和军事侦察等诸多领域。目前,遥感用于环境监测的主要目标是大气污染监测、水污染监测和生态环境监测。

(一)大气环境遥感监测

影响空气环境质量的主要因素是气溶胶含量和各种有害气体。这些指标通常不可能用遥感手段直接识别。水汽、二氧化碳、臭氧、甲烷等微量气体成分具有各自分子所固有的辐射和吸收光谱,所以,实际上是通过测量空气的散射、吸收及辐射的光谱而从其结果中推算出来的。通过对穿过大气层的太阳(月亮、星星)的直射光,来自大气和云的散射光,来自地表的反射光,以及来自大气和地表的热辐射进行吸收光谱分析或发射光谱分析,从而测量它们的光谱特性来求出大气气体分子的密度。测量中所利用的电磁波的光谱范围很宽,从紫外、可见、红外等光学领域一直扩展到微波、毫米波等无线电波的领域。大气遥感器分为主动式和被动式,主动方式中有代表性的遥感器是激光雷达,被动式遥感器有微波辐射计、热红外扫描仪等。

1.臭氧层监测。由于臭氧对 $0.3\ \mu m$ 左右的紫外区的电磁波吸收强烈,在紫外波段 $0.2\ \mu m \sim 0.3\ \mu m$、$0.32\ \mu m \sim 0.34\ \mu m$ 处均有吸收特征,其中在 $0.2\ \mu m \sim$

0.3 μm 处吸收特征最为明显。因此,可以用紫外波段来测定臭氧层的臭氧含量变化,臭氧在 2.74 mm 处也有个吸收带,可以用频率为 11083MHz 的地面微波辐射计或用射电望远镜来测定臭氧在大气中的垂直分布。另外,由于大气中臭氧含量高则温度高,所以又可以用红外波段来探测臭氧层的温度变化,参照浓度与温度的相关关系,推算出臭氧浓度的平均分布状态。

2.空气气溶胶监测。气溶胶是指悬浮在空气中的各种液态或固态微粒,通常把空气中的烟、雾、尘等归属于气溶胶。空气中的这些物质一般由火山爆发、森林或草场火灾、工业废气等产生,可以用可调谐激光系统作为主动探测,也可用多通道辐射计探测,因为绝大部分空气污染分子的光谱都在 2 μm ~ 20 μm 的红外波段,这些光谱可用作吸收或辐射测量。测定气溶胶含量可采用多通道粒子计数器,它能反映出空气中气溶胶的水平分布和垂直分布。在遥感图像上可直接确定污染物的位置和范围,并根据它们的运动、发展规律进行预测、预报。由这些污染物在低空形成漂浮的尘埃,可通过探测植物的受害程度来间接分析。

3.有害气体的监测。人为或自然条件下产生的 SO_2、氟化物等对生物有毒害的气体,通常采用间接解译标志进行监测,植被受污染后对红外线的反射能力下降,其颜色、纹理及动态标志都不同于正常的植被,如在彩红外图像上颜色发暗,树木郁闭度下降,植被个体物候异常等,利用这些特点就可以间接分析污染情况。

二氧化硫在波段 0.26 μm ~ 0.32 μm、7.3 μm 附近、8.6 μm 附近均有吸收带,其中 7.3 μm 附近的吸收特征最为明显。但是,由于 5.7 μm ~ 7.3 μm 红外波段是水汽的强吸收波段,卫星在这一吸收带测得的辐射主要是大气中水汽发出的,所以利用红外波段进行 SO_2 探测相对比较困难。由于 SO_2 气体的浓度较小,且聚集高度主要集中在平流层和对流层的底部,所以进行遥感监测较为困难,对卫星传感器的性能要求比较高。SO_2 的传感器主要是紫外和红外高光谱传感器。

大气环境中的氮氧化物主要是 NO 和 NO_2 等几种气体混合物,并以 NO_2 为主,所以目前遥感监测中主要是针对 NO_2 监测展开的。NO_2 在 0.215 μm 附近、0.3 μm ~ 0.57 μm 和 5.8 μm 附近具有较强的吸收特征,其中在 0.3 μm ~ 0.57 μm 的吸收特征最为显著。而在 5.8 μm 附近,由于与水汽吸收带处于同一范围,所以一般不用来监测 NO_2。

温室气体(CO_2、CH_4 等)遥感监测计划主要由欧洲(ENVISAT,环境卫星)、美国(OCO-2,轨道碳观测者)、日本(GOSAT,"呼吸"号卫星)、中国(TanSat,碳卫星)的地球同步轨道气象卫星组成的静止气象卫星监测系统昼夜不停地观测地球的气候变化,卫星上搭载的温室气体监测仪可提供全球大气中 CO_2、CH_4 等温室气体的遥感监测数据。

4.城市热岛效应的监测。城市热岛效应是由于城市人口密集,产业集中形成市区温度高于郊区的小气候现象。它是一种空气热污染现象。传统采用的流动观测(气球、飞机)和定点观测(气象台站、雷达)相结合的方法进行。但这些方法耗资大,观测范围有限,受各种因素的影响大,具有较大的局限性。遥感技术的发展为这一研究注入了活力。红外遥感图像能反映地物辐射温度的差异,可为研究城市热岛提供依据。根据不同时相的遥感资料,还可研究城市热岛的日变化和年变化规律。遥感卫星的使用,实现了定性到定量,静态到动态,大范围同步监测的转变,已经深入到可分析提取"热岛"内部热信息的差异。

(二)水环境遥感监测

对水体的遥感监测是以污染水与清洁水的反射光谱特征研究为基础的。总的来看,清洁水体反射率比较低,水体对光有较强的吸收性能,而较强的分子散射性仅存在于光谱区较短的谱段上。故在一般遥感影像上,水体表现为暗色色调,在红外谱段上尤其明显。为了进行水质监测,可以采用以水体光谱特性和水色为指标的遥感技术。遥感监测视野开阔,对大面积范围内发生的水体扩散过程容易通览全貌,观察出污染物的排放源、扩散方向、影响范围及与清洁水混合稀释的特点。从而查明污染物的来龙去脉,为科学地布设地面水样监测提供依据。在江河湖海各种水体中,污染物种类繁多。为了便于遥感方法研究各种水污染,习惯上将其分为泥沙污染、石油污染、废水污染、热污染和水体富营养化等几种类型。

1.水体浑浊度分析。水中悬浮物微粒会对入射进水里的光发生散射和反射,增大水体的反射率。浑浊度不同的水体其光谱衰减特性也不同,随着水的浑浊度即悬浮物质数量的增加,衰减系数增大,最容易透过的波段从 $0.50\ \mu m$ 附近向红色区移动。随着浑浊水泥沙浓度的增大和悬浮沙粒径的增大,水的反射率逐渐增高,其峰值逐渐从蓝光移向绿光和黄绿光。所以,定量监测悬浮沙粒浓度的最佳波段为 0.65 μm ~ 0.8 μm,此外,若采用蓝光波段反射率和绿光波段反射率的比值,则可以判别两种水体浑浊度的大小。

2. 石油污染监测。海上或港口的石油污染是一种常见的水体污染。遥感调查石油污染,不仅能发现已知污染区的范围和估算污染石油的含量,而且可追踪污染源。石油与海水在光谱特性上存在许多差别,如油膜表面致密、平滑,反射率较水体高,但发射率远低于水体等,因此,若干光谱段都能将二者分开。此外,根据油膜与海水在微波波段的发射率差异,还可利用微波辐射法测量二者亮度温度的差别,从而显示出海面油污染分布的情况。成像雷达技术也是探测海洋石油污染的有力工具。

3. 城市污水监测。城市大量排放的工业废水和生活污水中带有大量有机物,它们分解时耗去大量氧气,使污水发黑发臭,当有机物严重污染时呈漆黑色,使水体的反射率显著降低,在黑白像片上呈灰黑或黑色色调的条带。使用红外传感器,能根据水中含有的染料、氢氧化合物、酸类等物质的红外辐射光谱弄清楚水污染的状况。水体污染状况在彩色红外像片上有很好的显示,不仅可以直接观察到污染物运移的情况,而且凭借水中泥沙悬浮物和浮游植物作为判读指示物,可追踪出污染源。

4. 水体热污染监测。使用红外传感器,能根据热效应的差异有效地探测出热污染排放源。热红外扫描图像主要反映目标的热辐射信息,无论白天、黑夜,在热红外像片上排热水口的位置、排放热水的分布范围和扩散状态都十分明显,水温的差异在相片上也能识别出来。利用光学技术或计算机对热图像做密度分割,根据少量同步实测水温,可正确地绘出水体的等温线。因此热红外图像基本上能反映热污染区温度的特征,达到定量解译的目的。

5. 水体富营养化监测。水体里浮游植物大量繁生是水质富营养化的显著标志,由于浮游植物体内含的叶绿素对可见和近红外光具有特殊的"陡坡效应",使那些浮游植物含量大的水体兼有水体和植物的反射光谱特征。浮游植物含量越高,其光谱曲线与绿色植物的反射光谱越近似,因此,为了调查水体中悬浮物质的数量及叶绿素含量,最好采用 0.45 μm ~ 0.65 μm 附近的光谱线段。在可见光波段,反射率较低;在近红外波段,反射率明显升高,因此,在彩色红外图像上,富营养化水体呈红褐色或紫红色。

(三)生态环境遥感监测

生态环境监测的对象分别为农田、森林、海洋、荒漠、动植物等内容。但是其主要的应用范围是土地领域,可以实现大范围的土地利用情况监测、生态区域调查、大范围环境污染调查等。例如,在土地利用监测当中,20世纪发达国家就采用了 TIROS、NOAA 卫星数据通过制备指数研究土地利用以及土壤覆盖变化情况。

四、环境遥感监测技术的发展趋势

(一)技术层面

首先,在遥感影像获取技术层面上,随着高性能传感器研究水平不断加强以及环境监测对遥感影像的精度要求提高,提高空间、光谱分辨率已经是遥感影像发展的重要方面。雷达遥感技术可以实现全天候的监测,并且对地物的穿透能力更强,将会得到更加广泛的应用。以地球为研究对象的综合技术已经成为主流。其次,在信息模型发展方面,通过拓宽遥感信息机理模型,特别是在遥感信息模式和人工智能系统结合方面势必成为重要发展趋势。最后,在数据共享层面,结合国际资源环境卫星系统,加强与国际方面上的交流,实现不同数据的共享与融合。

(二)与环境监测结合层面

首先,全面发展环境污染遥感监测技术,结合当代已经建立的环境监测网、常规监测方法,将遥感技术和地面监测技术融合,从而组建环境污染监测系统;其次,构建遥感综合体,实现 GIS、RS、GPS、ES 的技术集成体,从而提高在环境监测中的适应性,实现综合性、多功能的遥感监测系统。

(三)不同环境要素层面

首先,实现遥感技术的集成化、定量化、系统化、全球化以及主动与被动监测的卫星遥感一体化;其次,采用最新的遥感技术对水环境展开定量监测,形成标准化水环境安全定量遥感体系,结合我国不同类型的水环境,构建多种水质参数反演算方法。从而提高环境的监测精度,进一步推动水质遥感监控模型空间扩展研究。

第三节 便携式现场监测仪

所谓现场仪器是相对实验室仪器而言,尽管目前大多数国家在其本国环境监测标准中的推荐方法还是以现场采样,送实验室用化学分析仪器进行分析为主,而大多数便携式现场监测仪器尚未列入标准中作为法定检测方法,但它们已实实在在地被广泛使用。

如何有效地预防污染事故及事故发生后的应急监测,现场快速监测仪器显然有其无法比拟的优点:及时、现场实测、快速、简便而低成本,它们达到了实验室化学分析无法达到的效果。便携式现场监测仪器可分为单项分析型和多项分析型。多项分析型可同时测定两个以上的参数。

一、气体便携式现场监测仪

(一)便携式紫外吸收法测量仪

便携式紫外吸收法测量仪由气态污染物监测单元、烟气参数监测单元、数据采集和处理单元组成。其工作原理是利用气态污染物对紫外光区的特定波长光具有选择性吸收的特点,抽取含有特定气体的烟气,进行除尘、脱水等处理后通入测量气室中,不同种类、不同浓度的气体对光源有不同程度的吸收。数据处理单元对通入烟气后的吸收光谱进行分析,得到气体浓度。此类仪器可采用抽取冷干、抽取热湿和直接测量等方式进行测量,具备气体交叉干扰较少、预热时间较短、维护方便等优点,可用于烟气中 SO_2、NO_x 等的测定。

(二)便携式气相色谱仪

气相色谱是对气体物质或可以在一定温度下转化为气体的物质进行检测分析。由于物质的物性不同,其试样中各组分在气相和固定相的分配系数不同,当汽化后的试样被载气带入色谱柱中运行时,组分就在其中的两相间进行反复多次分配。由于固定相对各组分的吸附或溶解能力不同,虽然载气流速相同,各组分在色谱柱中的运行速度就不同,经过一定时间的流动后,便彼此分离,按顺序离开色谱柱进入检测器,产生的信号经放大后,在记录器上描绘出各组分的色谱峰。根据出峰位置确定组分的名称,根据峰面积确定浓度大小。

这类仪器主要使用光离子化检测器和火焰离子化检测器,可以测定苯系物、醛类、酮类、胺类、有机磷、有机氯等化合物以及一些有机金属化合物,还可检测 H_2S、Cl_2、NH_3、NO 等无机化合物。

(三)便携式红外线气体分析仪

红外线分析仪属于不分光式红外仪器,其工作原理是基于某些气体对红外线的选择性吸收,该类仪器在国内外有着广泛的应用领域和众多的用户。主要应用于农林科学研究领域对植物的光合作用,也可用于卫生防疫部门对宾馆、商店、影剧院、舞厅、医院、车厢、船舱等公共场所中的 CO_2 浓度的测定,另外根据需要,该原理的仪器还可以用于测量 CO、CH_4 等气体浓度。

(四)便携式傅里叶红外仪

便携式傅里叶红外仪主要由红外光源、干涉仪、样品室、检测器及信号处理电子组件等几个部分组成。其工作原理为:红外光照射被测目标化合物分子时,特定波长光被吸收,将照射分子的红外光用单色器色散,按其波数依序排列,并测定不同波数被吸收的强度,得到红外吸收光谱。根据样品的红外吸收光谱与标准物质的拟合程度定性,根据特征吸收峰的强度半定量。便携式傅里叶红外气体分析仪具有性能稳定、示值准确等优点,可较好地满足烟气排放现场分析监测的需要。可用于烟气中挥发性有机组分(如丙烷、乙烯、苯等)的测定,也可用于无机有害气体(如 CO、NO_2、NO、SO_2 等)的应急监测。

二、水质便携式现场监测仪

(一)BOD 和 COD 测定仪

便携式 BOD 测定仪分为快速测定仪和红外遥控测定仪,两种方法均采用压力探头感测法,自动温度监控,仪器自动启动并开始全封闭自动测定,无须中间环节人工操作以及稀释样品。依据不同的取样量,可测定 0 mg/L ~ 4000 mg/L 不同量程的 BOD,所带红外数据存储器每 24 小时自动记录存储 BOD,可了解水样中 BOD 的变化情况。

便携式 COD 测定仪采用比色法,自动调零校正,取样量小,可测定 0 mg/L ~ 15000 mg/L 超高量程、高量程、低量程以及超低量程 4 种不同量程的 COD。在测量时将 2 mL 水样加入 COD 试管中,再将试管插入消解炉中 146 ℃加热 2 小时后,直接插入仪器进行比色测定,即可显示 COD 测定结果(mg/L)。

(二)多功能水质分析仪

与其他分析方法相比,分光光度法具有仪器相对简单、便宜、轻便、应用广泛、耗时短、样品前处理简单等优点,特别适用于现场、脱离实验室的快速检测。仪器采用比色或分光法,在 300 nm ~ 900 nm 设定不同的测量波长,并将常用方法和校准曲线预先进行程序化,可提供几百个水质分析方法及标准曲线,仪器还可储存几千组数据。仪器还可自动设定波长,进行试剂空白校正,校正曲线还可以用标准参数再校正,测试内容一般包括:氰化物、氨氮、酚类、苯胺类、砷、汞、六价铬以及钡等毒性强的项目。

(三)便携式离子计

便携式离子计可同时选配多种离子电极组成不同需要的测试系统,测量范围宽,准确度高,内置定时器,可定时校正、测试、自动读数,再现性好,可测 Br^-、Cd^{2+}、Ca^{2+}、Cl^-、Cu^{2+} 等十几种离子。

(四)其他便携式监测仪

如便携式多电极水质测定仪(可测定 pH、溶解氧、电导率和温度等参数)、溶解氧测定仪、便携式电导计等。

三、土壤便携式现场监测仪

(一)便携式X射线荧光光谱(PXRF)测定仪

便携式X射线荧光光谱测定仪的工作原理是通过X射线管产生的X射线作为激发光源,激发样品产生荧光X射线,根据荧光X射线的波长和强度来确定样品的化学组成。该仪器体积小、重量轻、可手持测量,能够对土壤、沉积物、矿石、矿渣以及其他类似的样品进行快速的金属元素含量分析,具有操作方便、无损检测及低成本的优势,可对污染事故进行应急测量、野外监测。

(二)便携式土壤养分检测仪

便携式土壤养分检测仪主要采用光电比色的原理,可在短时间内测定土壤养分,如速效氮、有效磷、速效钾、有机质含量及土壤含盐量等,其应用与化验室分析形成互补,可推进高效施肥技术的推广应用。

(三)便携式土壤水分检测仪

便携式土壤水分检测仪发射一定频率的电磁波,电磁波沿探针传输,到达底部后返回,检测探头输出的电压,根据输出电压和水分的关系计算出土壤的含水量。该仪器携带方便,操作简单,可快速测量土壤水分含量及温度,实时显示水分、组数、低电压示警等,可作为定点监测或移动测量的基本工具,广泛应用于土壤墒情检测、节水灌溉、精细农业、林业、地质勘探、植物培育等领域。

第四节 分子生物学监测技术

环境生态的改变可导致生物物种、种群的分布和遗传特征的改变,在分子水平上研究生物的迁移、感性、抗性等可为生态环境的治理提供坚实的理论基础和科学依据。分子生物技术越来越多地被引入到环境监测之中,利用它来揭示环境生态学中的污染机理。

一、酶联免疫技术

酶联免疫是将免疫技术与现代测试手段相结合,把抗原抗体的免疫反应和酶的高效催化作用原理结合起来的一种超微量分析技术。它集测定的高灵敏度和抗性反应的强特异性于一体,在某些重要生物活性物质的痕量检测方面取得了很大成就。酶联免疫法具有操作简单、快速、灵敏度高、特异性强、高通量等优点,是初筛测定致癌物和一些剧毒农药的好方法。其灵敏度与常规的仪器分析一致,且适合现场筛选。对于大分子量的极性物质,如生物农药苏云金杆菌毒素蛋白等,免疫分析比常规生物测定和理化分析更具有准确可靠、方便快捷的优点。

目前,酶联免疫技术已商品化,商品检测试剂盒已广泛用于现场样品和大量样品的快速检测。酶联免疫技术在水、土壤和农产品的农药残留检测方面取得了很好的效果,通过酶的活性反应来显示甲基对硫磷、甲胺磷、氟虫腈杀虫剂、除虫脲、氨基甲酸酯类农药等的农残含量,对污染事故的污染物监测具有十分重要的意义。

二、分子生物学技术

分子生物学技术是运用现代分子生物学和分子遗传学方法检查基因的结构及其表达产物的技术。主要包括核酸分子杂交技术、聚合酶链式反应技术

（PCR）、环介导等温扩增法（LAMP）和 DNA 重组技术等。

PCR 是一种用于放大扩增特定的 DNA 片段的分子生物学技术。由高温变性、低温退火及适温延伸等几步反应组成一个周期，循环进行，使目的 DNA 得以迅速扩增，并通过凝胶电泳、荧光等技术手段显现扩增结果。具有快速、操作简便、特异性强、灵敏度高等特点，是现代分子生物学的基础实验工具，在生物学研究领域已应用成熟。PCR 技术由于灵敏度高，可在浓度很小的情况下检出病原体，而且比电镜更加灵敏、简便，特异性更高，可以针对某种或某几种致病微生物做出检测判断，在水环境微生物检测中得到广泛应用。

LAMP 是一种全新的核酸扩增方法，在分子生物学检测领域的应用非常广泛，与常规 PCR 相比，LAMP 不需要模板的热变性、温度循环、电泳及紫外观察等过程，在灵敏度、特异性和检测范围等指标上能媲美甚至优于 PCR 技术，不依赖任何专门的仪器设备实现现场高通量快速检测，检测成本远低于荧光定量 PCR。LAMP 可用于细菌类病原微生物、病毒类病原微生物、真菌类微生物、现场病原寄生虫的检测等，在环境监测领域的应用越来越多。

三、生物传感器技术

生物传感器是一种对生物物质敏感并将其浓度转换为电信号进行检测的仪器。是由固定化的生物敏感材料作识别元件（包括酶、抗体、抗原、微生物、细胞、组织、核酸等生物活性物质）、适当的理化换能器（如氧电极、光敏管、场效应管、压电晶体等）及信号放大装置构成的分析工具或系统。在检测过程中无须添加或只需添加少量的其他试剂，具有灵敏度高、选择性好、可微型化、便于携带，以及测定简便迅速、检测成本低等优点。根据生物分子识别的原理，可分为免疫化学传感器、酶传感器、微生物传感器、组织传感器、细胞传感器、DNA 传感器等。

生物传感技术可用来测定水体中的 BOD、硫化物、有机磷等，BOD 生物传感器将固定化氧电极、微生物等进行集成，以微生物在水中耗费的溶氧量作为指标，当微生物呼吸作用偶联电流和 BOD 浓度将在某个范围中呈线性关系，便可测出水体的 BOD 的含量。该技术可在 5～15 分钟检测出 BOD，可对水质状况实行在线监测。

在空气污染监测方面，含有亚硫酸盐氧化酶的肝微粒体和氧电极制成的安培型生物传感器，可对 $SO_2(SO_3)$ 形成的酸雨酸雾样品溶液进行检测，得出

$SO_2(SO_3)$的浓度;用多孔渗透膜、固定化硝化细菌和氧电极组成的微生物传感器可以测定亚硝酸盐含量,推知空气中NO_x的浓度。

生物传感器还可以用于检测有毒有害物质,如杀虫剂、除草剂、重金属等。常用于检测杀虫剂的酶为乙酰胆碱酯酶,首先将乙酰胆碱酯酶固定于生物传感器内,如果试样中含有杀虫剂就会对乙酰胆碱酯酶的活性造成抑制,可以通过测定酶的活性进而检测有毒有害物质。

四、生物芯片技术

生物芯片是以预先设计的方式将大量的生物信息密码(寡核苷酸、基因组DNA、蛋白质等)固定在玻片或硅片等固相载体上组成的密集分子阵列。它利用核酸分子杂交、蛋白分子亲和原理,通过荧光标记技术检测杂交或亲和与否,再经过计算机分析处理可迅速获得所需信息。包括根据核酸序列设计的基因芯片,根据多肽、蛋白、酶等蛋白质设计的蛋白芯片,根据免疫功能设计的免疫芯片以及芯片实验室等。生物芯片具有特异性好、高通量、自动化、平行性好、简便快速、无污染、所需样品和试剂少等诸多优点,在进行大批量筛选环境样品和对其进行分型研究中有广泛应用。

在环境监测中,生物芯片根据环境中污染物与芯片上固定的生物活性物质发生特异性结合的特点,对环境中的污染物进行检测,可以快速检测污染微生物或有机化合物对环境、人体、动植物的污染和危害。已成功应用到环境监测中的病原细菌瞬时检测、细菌基因表达水平测量、菌种鉴定、水质控制等方面。在空气检测方面,基于氧化锡的微反应,芯片可对空气中CO、NO和NO_2进行测定。

第五章 环境规划分析

第一节 大气环境规划

一、大气环境规划的主要内容与类型

(一)大气环境规划的主要内容

1.查清大气环境的主要问题。通过大气污染源调查和环境现状评价,查清规划区的主要污染源,并预测其发展趋势,查清主要大气环境问题。

2.确定大气环境规划目标。在大气环境现状调查、预测及明确功能区划的基础上,根据规划期内所要解决的主要环境问题和社会经济与大气环境协调发展的需求,确定合理的大气环境规划目标。

3.建立大气环境质量模型。确定污染源与环境目标之间的关系,这是直接影响大气总量控制规划方案优劣的主要因素之一。

4.制定大气污染控制方案。实现同一目标的途径一般有多种,应制定多套包括切实可行的治理措施的方案。

5.方案优选。对多种方案进行环境、经济和社会影响分析,通过决策分析,选择最佳方案。

6.实施规划方案。编制的规划方案只有在实际应用中取得成功,才能证明方案是切实可行的,才能最终体现大气环境规划的目标。

(二)大气环境规划的类型

1.大气环境质量规划。大气环境质量规划是以城市总体规划和大气环境质量标准为依据,规定了城市不同功能区主要大气污染物的浓度限值。它是城市大气环境管理的基础,也是城市建设总体规划的重要组成部分。大气环

境质量规划模型主要是建立污染源排放和大气环境质量之间的关系。

2.大气污染控制规划。大气污染控制规划是指实现大气环境质量的方案。大气污染控制规划的内容和目的因城市大气污染程度的不同而有所区别。对于新建或污染较小的城市,大气污染控制规划可根据城市的性质、发展规模、工业结构、产品结构、资源状况、大气污染控制技术等,结合城市总体规划中其他专业规划进行合理布局,一方面为城市及其工业的发展提供足够的环境容量,另一方面提出可以实现的大气污染物排放总量控制方案。

对于已经受到部分污染的城市,大气污染控制规划的目的则主要是寻求实现城市大气环境质量规划的便捷、经济、可行的技术方案和管理方案。

大气环境污染控制模型是在设计气象条件下,建立污染源排放与大气环境质量间的响应关系。设计气象条件是指综合考虑气象条件、环境目标、经济技术水平、污染特点等因素后,确定的较不利(以保证率给出)的气象条件。

二、大气环境规划目标与指标体系

(一)大气环境规划目标

大气环境规划目标的制定要根据国家要求和规划区域(省域、市域、城镇等)的性质功能,从实际出发,既不能超出本规划区域的经济技术发展水平,又要满足人民生活和生产所必需的大气环境质量。制定科学、合理的大气环境规划目标是编制大气环境规划的重要内容之一,大气环境规划目标主要包括大气环境质量目标和大气污染物总量控制目标。

1.大气环境质量目标。大气环境质量目标是基本目标,依地域和功能区有所不同,由表征大气环境质量的指标具体体现。

2.大气污染物总量控制目标,是以大气环境功能区环境容量为基础制定的,便于实施和管理的目标。通过制定污染物总量控制目标,将污染物控制在功能区环境容量的限度内,其余部分作为削减目标或削减量。

大气环境规划目标的决策通常包括以下步骤:①初步拟定大气环境目标,并编制达到该目标的方案;②论证环境目标方案的可行性,当可行性出现问题时,返回去重新修改大气环境目标及对应的方案,并进行综合平衡;③经多次论证,最终科学地制定大气环境规划目标。

(二)大气环境规划指标体系

1.气象气候指标。大气环境质量与气候、气象因素有很大的相关性,因此,进行环境规划时需要首先了解基础大气资料,主要包括气温、气压、风向、风速、风频、日照、大气稳定度和混合层高度等。

2.大气环境质量指标。主要包括总悬浮颗粒物、飘尘、SO_2、降尘、NO_x、CO、光化学氧化剂、臭氧、氟化物、苯并芘和细菌总数等指标。

3.大气污染控制指标。主要指标包括废气排放总量、SO_2排放量及回收率、烟尘排放量、工业粉尘排放量及回收量、烟尘及粉尘的去除率、CO排放量、NO_x排放量、光化学氧化剂排放量、烟尘控制区覆盖率、工业尾气达标率和汽车尾气达标率等。

4.城市环境建设指标。主要指标包括城市气化率、城市集中供热率、城市型煤普及率、城市绿地覆盖率和人均公共绿地等。

5.城市社会经济指标。主要指标包括国民生产总值、人均国民生产总值、工业总产值、各行业产值、各行业能耗、生活耗煤量、万元工业产值能耗、城市人口数量、分区人口数量、人口密度及分布和人口自然增长率等。

三、大气污染物总量控制方法

大气污染物总量控制是通过控制给定区域污染源排放总量,优化分配到污染源来确保控制区大气环境质量满足相应的环境目标值的一种方法。大气污染物总量控制绝不仅仅是一种将总量削减指标简单地分配到污染源的技术方法,而是将区域定量管理和经济学的观点引入环境保护中考虑的手段。大气污染物排放总量控制是大气环境管理的重要手段。

(一)A-P值法

A-P值法是由国家颁布的《制定地方大气污染物排放标准的技术方法》(GB/T 3840-1991)中提出的,是用A值法计算控制区域中允许排放总量,用修正的P值法分配到每个污染源的一种方法。它直接将P值控制方法结合到总量控制方法中,不仅使未来的总量控制吸收了P值控制法的优点,而且直接对污染源用原来国家正式颁布的标准加以评价,起到了基础平衡的作用。

1.A值法。A值法属于地区系数法,只要给出控制区总面积或几个功能分区的面积,再根据当地总量控制系数A值,就能很快地算出该面积上的总允许排放量。

2.P值法。P值法是一种烟囱排放标准的地区系数法,给定烟囱有效高度H_e(m)和当地点源排放系数P,便可算出该烟囱允许排放率Q_{pi}(t/h)。

(二)平权分配法

平权分配法是基于城市多源模式的一种总量控制方法,它是根据多源模式模拟各污染源对控制区域中筛选出来的控制点的污染物浓度贡献率,若控制点的污染物浓度超标,根据各源贡献率进行削减,使控制点的污染物浓度符合相应环境标准限值的要求。控制点是标志整个控制区域大气污染物浓度是否达到环境目标值的一些代表点,这些点的浓度达标情况应能很好地反映整个控制地区的大气环境质量状况。

(三)优化方法

优化方法是将大气污染控制对策的环境效益和经济费用结合起来的一种方法,它将大气污染总量控制落实到防治对策和防治经费上,运用系统工程的理论和原则,制定出在大气环境质量达标的前提下,治理费用较小的大气污染总量控制方案。优化方法同样利用城市多源模式模拟污染物的扩散过程,建立数学模型,设定目标函数,在控制点浓度达标的约束条件下,求使目标函数最大(或最小)的最优解。

四、大气污染防治措施

(一)全面规划,合理布局

从区域(或城市)大气环境整体出发,针对该地域内的大气环境容量、主要污染问题(如污染类型、程度、范围等)及大气环境质量的要求,以改善大气环境质量为目标,综合运用各种措施,组合、优化、确定大气污染防治方案。制订大气污染综合防治规划,是全面改善城市大气质量环境的重要措施。

合理布局是预防大气污染的重要手段。根据区域的自然环境与环境质量特征,合理布局污染源与大气环境保护目标,能大大降低大气污染的影响,这也是编制环境规划时应重点解决的问题。

(二)以集中控制为主,降低污染物排放量

所谓集中控制,就是从区域的整体着眼,采取宏观调控和综合防治措施。集中控制不仅能节约资源和能源(如煤、油、气等),还便于采取污染防治措施并提高污染物的处理率。例如,调整工业结构,改变能源结构,集中供热,发展

无污染少污染的新能源(太阳能、风能、地热等),集中加工和处理燃料,采取优质煤(或燃料)供民用的能源政策等。

对局部污染物,例如,工业生产过程排放的大气污染物、工业粉尘、制酸及氮肥生产排放的SO_2、NO_x、HF等,则要因地制宜采取分散防治措施。

(三)强化污染源治理,降低污染物排放

在我国目前的能源结构(以煤为主)、燃烧技术等条件下,很多燃烧装置不可能消除污染物排放,加上一些较落后的工艺技术,不进行污染源治理,就不可能彻底控制污染。因此,在注意集中控制的同时,还应研发先进的处理技术,强化污染源治理,包括烟尘治理技术、SO_2治理技术、NO_x治理技术等。

(四)综合防治汽车尾气

随着经济持续的高速发展,我国汽车的保有量急剧增加,特别是在大城市表现得更为明显,汽车排气的污染危害日益明显,研究表明,汽车尾气是大气污染物PM2.5的来源之一。防治汽车尾气的主要措施有:①加强立法和管理,建立、健全机动车污染防治的法规体系并严格执行;②提高汽油品质并研发新型清洁燃料,使机动车达到节能、降耗、减少污染物的排出量的目标;③大力发展公共交通事业,倡导绿色出行。

第二节 水环境规划

一、水环境规划基础

(一)水环境规划的内容

水环境规划是指在水环境系统分析的基础上,摸清水质和供需情况,合理确定水体功能,进而对水的开采、供给、使用、处理、排放等各个环节进行统筹安排和决策。

1.明确水环境的主要问题。通过调查和综合分析,找出水环境的主要问题,包括水量、水质、水资源利用等方面的问题,并分析问题的根本原因。

2.确定水环境规划目标。根据国民经济和社会发展要求,同时考虑客观

条件,从水质和水量两个方面拟定水环境规划目标。规划目标的提出需要经过多方案比较和反复论证后才能确定。

3.选定规划方法。最优化法和模拟优选法是水环境规划中最为常用的两类规划方法,采用何种规划方法,应根据具体水环境规划的内容而定,这也是水环境规划的核心。

4.拟定规划措施。可供考虑的措施有:调整产业结构与布局,提高水资源利用率,加大污水治理的投入,增加污水处理措施等。

5.方案比选。将各种措施综合起来,提出可供选择的实施方案。在评价、优化的基础上,提出供决策选用的方案。

6.规划实施。只有规划方案最终被采纳与执行,才能体现出其自身的价值与作用,因此,水环境规划的实施也是制定规划的一个重要内容。

(二)水功能区划

水环境规划的目标是通过对水污染物排放的合理组织与控制,保证水体的水质满足特定功能区的需求。水功能区是指为满足水资源开发和有效保护的需求,根据自然条件、功能要求、开发利用现状,按照流域综合规划、水资源保护规划和经济社会发展的要求,在相应水域按其主导功能划定并执行相应质量标准的特定区域。水环境功能区划即根据上述要求将水域划分为不同的分类管理功能区,为水资源利用、水环境改善提供基础与依据。

1.水环境功能区划的原则。

(1)优先保护集中式饮用水水源地:在规定的各类功能区中,以饮用水水源地为优先保护对象。在保护重点功能区的前提下,可兼顾其他功能区的划分。

(2)不得降低水体现有的水质等级:对于一些水资源丰富、水质较好的地区,在开发经济、发展工业、制定规划功能时,应经过严格的经济技术论证,并报上级批准。

(3)上下游和区域之间兼顾,适当考虑潜在功能要求:不同水环境功能区边界水质应该达标交接,要求对生物富集或环境积累的有毒有害物质造成的环境影响给予充分的考虑。

(4)与工业合理布局相结合:功能区划要层次分明,突出污染源的合理布局,使水环境功能区划与工业布局、城市发展规划相结合。

(5)实用可行,便于管理:功能区划方案实用可行,有利于强化目标管理,解决实际问题。

2.水环境功能区划的方法与步骤。水环境功能区划分的系统分析需要经过多次论证,包括以下主要方法和步骤:①对环境保护目标进行全面分析,既考虑环境保护的需要,又考虑经济、技术的可行;②将环境目标具体化为环境质量标准中的数值;③对功能可达性进行分析,确定引起污染的主要人为污染源;④建立污染源与水质目标之间的相应关系,将各种污染源排放的污染物输入各类水质模型,以评价污染与对水质目标的影响;⑤分析减少污染物排放的各种可能的途径和措施;⑥通过对多个可行方案的优化决策,确定技术、经济最优的方案组合,通过政策协调和管理决策,最终确定环境保护目标和水环境功能区划分方案;⑦通过政策协调和管理决策,最终确定环境保护目标和水环境功能区划分方案。

3.水功能分区。地表水的水功能区一般分为水功能一级区和水功能二级区。水功能一级区分为保护区、缓冲区、开发利用区和保留区四类。水功能一级区中的开发利用区又划分为七类二级区,分别为饮用水源区、工业用水区、农业用水区、渔业用水区、景观娱乐用水区、过渡区和排污控制区。水功能区的划分是水环境质量标准在具体水域的具体应用,是水环境规划的依据。

(三)水污染控制单元

以往的水污染防治是以行政区域为基本单位进行管理的,实践证明这种"一刀切"的做法存在很大的盲目性,容易引起跨界污染行政纠纷。水污染控制单元的概念就是在这种背景下提出来的。

水污染控制单元是可操作实体:包括排放源与受纳水体两部分。在行政区划的基础上结合水体使用功能和水质目标划分;各单元之间污染物类型、分布规律、输入-响应关系等一般不同;各控制单元的污染物排放及常规监测资料齐全;解决的环境问题不同,控制单元的划分也不同。

划分水污染控制单元后,应阐明各功能区的相关情况,主要内容有:功能说明(属于哪类功能区、执行的水质标准等)、水质现状分析、污染源分析、水质预测、技术措施制定、环境容量计算等。

(四)水环境容量

1.水环境容量的定义与内涵。水环境容量是指在保证特定水质目标的前提下,所能接受的最大污染物的量,一般以水体中能容纳的最大污染物的量来衡量。但水环境容量与最大允许纳污量这两个概念是有差异的,后者是指在排污口空间分布及排放方式给定的条件下环境单元所允许排放污染物的量,前者是指理想环境容量。也就是说,完全分散的排放方式所对应的污染物容纳量就是水环境容量,与其他排放方式相对应的污染物容纳量都称之为允许排放量,水环境容量是最大允许纳污量的极限值。

水环境容量是总量控制工作的基础和依据,也是进行水环境规划的基础和关键。水环境容量既反映了水流域的自然属性,又反映了人类对环境的要求,由污染物特点、受纳水体自身的特点和环境质量目标三方面决定。在环境规划与管理中,一旦确定了环境功能,人们能够控制的因素仅仅是污染物的排放方式。

2.水环境容量的计算。进行水环境容量计算时,首先进行水环境功能区划,确定水体的水质目标,根据不同的水环境功能划分为不同的水污染控制单元,并对水污染控制单元进行简化,以便能够利用水质模型描述水质的变化规律;然后进行水环境基础资料的调查与收集,包括水文和水污染源两方面的内容,例如,流量、流速、污水排放量、排放浓度、排放方式等;最后根据水域简化结果选择或建立合适的水质模型,并确定模型中所需的各项参数,进行水环境容量的计算。

3.河流水环境容量计算模型。不同研究者对水环境容量计算模型的表述略有不同,并且对于特定的污染物还有特定的计算公式(如S-P模型下环境容量的计算)。

一般来说,河流和湖库的水污染问题都是三维问题,但往往可根据实际情况简化为零维、一维或二维问题处理。

(五)允许排放量的分配

污染物排放总量的分配是在多层面上进行的,从国家到区域,从流域到城市,最终到点源。点源中工业企业是污染大户,在实行基于总量控制的排污许可证的过程中,污染物排放总量指标分配的最关键问题就是如何将初始排污权公平合理地分到各企业。

企业分为现有企业和待建企业。对现有企业,由于已知其排污现状、管理经济水平、治理情况,分配有据可依;而待建企业,由于没有既定企业的情况,则分配无据可依,相对较困难。虽然污染物排放总量控制中存在多种形式的允许排放量的分配,但是原则上主要基于如下两种策略:一是公平性策略;二是效率策略。

公平性策略的出发点就是追求各个污染源之间污染物分配的公平性,通常认为,等比例削减污染物量属于公平分配之列;而效率策略则是追求污染物削减过程达到最高的效率,例如,典型效率策略目标是区域污水处理费用最小。公平和效率是社会生活的两个基本准则。效率准则的实施,可以促进社会经济的发展,而公平原则有利于保持社会的稳定和安定,效率和公平缺一不可。此外,对于水环境管理来说,可操作性也是一个不可忽略的方面。分配策略的选择需要从实际条件出发,因地制宜。

二、水污染源的调查与评价

水污染源调查包括水污染物的种类、数量、排放方式、排放途径及污染源的类型和位置等内容,在此基础上,判断出主要污染物和主要污染源,为水环境现状评价提供依据。

(一)水污染源调查

通常,将水污染源划分为工业和生活水污染源两方面分别进行调查。

1.工业水污染源。主要调查内容包括工业企业产品规模、产值、用水量、废水排放量,污染物(如BOD_5、COD、氨氮)浓度和排放量,污染治理措施,废水排放去向,排放方式等。通过调查与分析,查清工业主要污染源和主要污染物的数量,以及在各个水域的分布情况,确定重点工业污染源、主要污染行业和重点控制区。

2.生活水污染源。主要调查内容包括区域人口、人均用水量、人均废水排放量、人均污染物(如BOD_5、COD、氨氮)排放量,污染治理措施,废水排放去向和排放方式等。在此基础上,查清生活污水的排放方式和主要污染物浓度、生活污水的治理现状和排放情况。

水污染源调查的方法主要有收集资料法和现场实测法。

(二)水污染源评价

水污染源评价是在水污染源调查的基础上进行的,其目的是要确定主要的水污染源和水污染物,提供水环境质量水平及成因,为水环境规划提供依据。

目前,我国水污染源评价多采用等标污染指数评价法。

三、水污染控制规划方法

水污染控制规划过程中,规划方法的选择是核心,是决定着规划成败的关键。水污染控制规划方法主要有两种,即最优化法和模拟优选法。

(一)最优化法

最优化法是指运用数学方法研究对象的优化途径,提供优化方案,以便为决策者提供科学决策的依据。评价水污染治理规划方法优劣的关键是在达到预定水质目标的前提下,费用是否最小,这就涉及最优化问题。水污染控制的最优化问题是在污水处理费用并未随着处理技术的改进而提高的背景下提出来的。从水污染控制解决问题的不同途径来看,最优化问题主要可分为排污口最优化处理、最优化均匀处理、区域最优化处理等。

1.排污口最优化处理(水质规划)。排污口最优化处理是指以每个小区的排放口为基础,在满足出水水质的前提下,求解各排放口的污水处理效率的最佳组合,目标是各排放口的污水处理费用之和为最低。在进行排放口处理最优规划时,各个污水处理厂的处理规模不变,它等于各小区收集的污水量。

2.最优化均匀处理(厂群规划)。最优化均匀处理是指在区域范围内,在同一污水处理效率的条件下,寻求最佳的污水处理厂的位置与规模(包括污水处理厂选址、规模及污水管线布局)的组合,追求全区域的污水处理费用最低。在工业发达国家或地区,法律规定所有排入水体的污水都必须经过二级处理(物理处理+生化处理),这是均匀处理最优规划的基础。

3.区域最优化处理(区域处理最优规划)。区域最优化处理是排污口最优化处理与最优化均匀处理的综合,也就是说,为了使区域污水处理总费用最低,它既要考虑污水处理厂最佳位置和数量,又要考虑每座污水处理厂的最佳处理效率。

(二)模拟优选法

在实际的水环境规划案例中,有时不能获取进行最优化所需的基本资料,在这种情况下,最优化方法不适用,可采用模拟优选法,即通过规划方案的模拟优选来对水污染控制进行规划。规划方案的模拟优选是定性分析与定量计算的结合,先定性确定模拟的范围,再进行定量的模拟计算,最后优选确定最佳实用方案。应用规划模拟方法得到的解,一般不是区域的最优解,其好坏程度多数取决于规划人员的经验和能力。因此,应用此方法时,尽可能多提出一些初步规划方案,以供筛选。模拟优选的工作量往往较大,主要通过计算机完成方案的对比寻优工作。但在很多情况下,规划方案的模拟优选是一种更为有效的方法。

四、水污染综合防治措施

水污染的本质原因是水污染物的排放量超出了水体自净能力,因此,水污染的防治通常从减少污染物的排放量和合理利用水体的自净能力两方面进行。

(一)减少污染物的排放量

1.节约用水。水资源浪费不仅加剧水资源短缺的矛盾,同时也不可避免地产生大量废水,增加水污染治理负担。节约用水、提高水的重复利用率是减少水污染物的有效途径之一。

要全面推进各种节水技术和措施,发展节水型产业。采用先进工艺技术,发展工业用水重复和循环使用系统;开展城市废水再生回用;调整农业结构,干旱地区减少水稻种植面积;实施水权制度,加强水权管理,形成节水机制。同时,应加强节水宣传教育,加强人们的节水意识,必要时,利用价格机制,控制不必要的用水。

2.推行清洁生产。调整工业结构,改革生产工艺,推行清洁生产。根据国家产业政策,调整行业结构、产品结构、原料结构、规模结构,逐步淘汰或限制耗水量大、水污染排放量大的行业和产品,积极发展对水环境危害小、耗水量小的高新技术产业;以无毒、无害原料替代有毒、有害原料,改革生产工艺等,对产品的整个生命周期推行清洁生产。

3.加强污水处理。积极推行清洁生产,采取一切措施减少水污染物的产生,也难以实现水污染物的零排放,所以,要防治结合,即加强污水处理。工业企业还必须加强水污染的治理,尤其是有毒污染物必须单独处理或预处理。随着工业布局、城市布局的调整和城市下水道管网的建设和完善,可逐步实现城市污水的集中处理,使城市污水处理与工业废水治理结合起来。

4.控制面源污染。面源污染主要来自农村,包括农村人口生活、农业生产、畜禽养殖等过程产生的污染。

要解决面源污染比解决工业污染和城市生活污水的难度要大,需要通过综合防治和开展生态农业示范工程等措施进行控制。

（二）合理利用水体的自净能力

1.人工复氧。人工复氧是改善河流水质的重要措施之一,它是借助于安装增氧器来提高河水中的溶解氧浓度。在溶解氧浓度很低的河段使用这项措施尤为有效。人工复氧的费用可表示为增氧机功率的函数。

2.污水调节。在河流水量低的时期,用蓄污池把污水暂时蓄存起来,待河流水量高时释放,可以更合理地利用河流的自净能力来提高河水的水质。污水调节费用主要是建池费用,缺点是占地面积大、有可能污染地下水等。

3.河流流量调控。国外对流量调控以及从外流域引水冲污的研究较早,并已应用于河流的污染控制。世界上很多河流的径流量时间上分配不均,在枯水期水质恶化,而在高流量期,河流的自净能力得不到充分利用。因此,提高河流的枯水期流量成为水质控制的一个重要措施。实行流量调控可利用现有的水利设施,也可新建水利工程。

第三节 声环境规划

一、声环境规划的目的和意义

声环境规划是对一个城市或地区、一个小区或一个项目的声环境进行调查、评价,以及预测由于发展所带来的变化,从而调整土地使用状况和规划布局,提出噪声减缓措施,改善和塑造声环境的战略布局。

《噪声污染防治法》中规定,地方和各级人民政府在制定城乡建设规划时,应当充分考虑建设项目和区域开发、改造所产生的噪声对周围生活环境的影响,统筹规划,合理安排功能区和建设布局,防止或减轻环境噪声污染。

声环境规划是环境规划中一个不可忽视的部分,它既能解决发展经济和保护声环境之间的矛盾以确保国民经济的持续发展,又能预防声环境污染。

二、声环境规划的内容和要点

根据规划的内容、范围和深度的不同,声环境规划可分为:战略声环境规划、区域声环境规划、道路声环境规划和项目声环境规划。

(一)战略声环境规划

战略声环境规划是战略环境规划的一部分,它是声环境规划的原则和方法在战略层次上的应用,是对一项政策、计划或规划及其替代方案的声环境影响进行正式的、系统的、综合的规划过程,其目的是消除和降低因战略缺陷对未来声环境造成的不良影响,从源头上控制声环境污染问题的产生。实施战略声环境规划和战略声环境评价是相辅相成的,它既是对战略声环境评价结果的处理方式,同时不同的战略声环境规划也会导致不同的战略声环境评价结果。

1.战略声环境规划的内容。战略声环境规划包括对声环境产生显著影响的各级政府机关及其下属的行政主管部门的重大决策、政策、计划和规划,还应包括法律、管理制度、甚至重大建设项目。

2.战略声环境规划的原则。战略声环境规划的原则主要有:必要性原则、可行性原则和时效性原则。

3.战略声环境规划的筛选过程,主要有两个步骤:一是确定是否进行战略声环境规划;二是确定战略声环境规划工作的等级。

(二)区域声环境规划

区域声环境规划是区域环境规划的一部分,指在一定区域内,整治和保护声环境,改善声环境质量的总体部署。这里说的"一定区域"是特指某一独立的功能区。如一个大的工业区,一个小城镇,或一个独立的自然保护区等。

1.区域声环境规划的内容。应包含的内容:①区域声环境特点、声环境现状、目标及声环境指标体系研究,进行声环境功能区划;②区域声环境预测和声环境问题研究,根据道路网规划,预测道路网规划实施后对声环境的影响及其变化趋势,根据预测结果,筛选出主要的声环境问题;③区域声环境规划的研究,提出问题并解决问题,研究达到预期声环境目标的各种有效防治措施,对于所有拟定实施的措施进行经济效益分析、社会影响分析以及环境效益分析。

2.区域声环境规划的实施原则。区域声环境规划要与道路交通规划结合为一个整体,把声环境规划纳入交通规划之中,要在制定道路交通规划的同时制定区域声环境规划,这样才可以保证道路网的合理布局;区域声环境规划制定前要进行声环境经济的预测,找出发展中的声环境问题,这样可大大提高规划的针对性和合理性。

(三)道路声环境规划

针对道路交通产生的声环境问题,采取包括调整道路网、合理规划路旁土地利用等一系列战略对策,来寻求和达到声环境与经济的协调和同步发展。

1.道路声环境规划的任务。主要解决道路交通的发展和声环境之间的矛盾。

2.道路声环境规划的原则。道路网规划应结合道路交通噪声的声场分布进行综合分析,确定道路红线位置,使其对居民生活的影响最小。道路声环境规划会直接影响道路交通规划布局,而不同的道路交通规划产生的交通噪声污染分布和强度的不同也会直接影响道路声环境规划。

(四)项目声环境规划

项目声环境规划是评价建设项目引起的声环境的变化,进行合理的声环境规划,并提出各种噪声防治对策,把噪声污染降低到现行标准允许的水平,为建设项目优化选址和合理布局以及城市规划提供科学依据。它是针对一个建设项目进行的声环境规划。

项目声环境规划中声环境影响评价工作等级一般分为三级,划分的基本原则为:①对于大、中型建设项目,属于规划区内的建设工程,或受噪声影响的范围内有适用于 GB 3096-2008 规定的 0 类标准及以上的需要特别安静的地区,以及对噪声有限制的保护区等噪声敏感目标,项目建设前后噪声级有显著增高(噪声级增高量达 5 dBA ~ 10 dBA 或以上)或受影响人口显著增多的情况,应按一级评价进行工作;②对于新建、扩建及改建的大、中型建设项目,若其所在功能区属于适用于 GB 3096-2008 规定的 1 类、2 类标准的地区,或项目建设前后噪声级有较明显增高(噪声级增高量达 3 dBA ~ 5 dBA)或受噪声影响人口增加较多的情况,应按二级评价进行工作;③对处在适用 GB 3096-2008 规定的 3 类标准及以上的地区(指允许的噪声标准值为 65 dBA 及以上的区域)的中型建设项目以及处在 GB 3096-2008 规定的 1 类、2 类标准地区的小型建设项目,或者大、中型建设项目建设前后噪声级增加很小(噪声级增高量在 3 dBA 以内)且受影响人口变化不大的情况,应按三级评价进行工作;④对于处在非敏感区的小型建设项目,噪声评价只填写"环境影响报告表"中相关的内容。

第四节 固体废物管理规划

一、固体废物概述

(一)固体废物的定义及其特点

固体废物是指人类在生产建设、日常生活和其他活动中产生的,在一定时间和地点无法利用而丢弃的污染环境的固体、半固体物质。其概念具有时间性和空间性。一种过程的废物随着时空条件的变化,往往可以成为另一过程的原料,所以废物又有"放在错误地点的原料"之称。

(二)固体废物的分类

固体废物按化学组成可分为有机废物和无机废物;按物理形态可分为固态废物和半固态废物;按危险程度可分为危险废物和一般废物等。

根据《中华人民共和国固体废物污染环境防治法》,固体废物分为城市生活垃圾、工业固体废物和危险废物。

1.城市生活垃圾。城市生活垃圾又称城市固体废物,它是指在城市居民日常生活中或城市日常生活提供服务的活动中产生的固体废物,主要包括居民生活垃圾、办公和商业垃圾等。

2.工业固体废物。工业固体废物是指在工业、交通等生产过程中产生的固体废物,又称工业废渣或工业垃圾,主要包括冶金工业固体废物、能源工业固体废物、石油化学工业固体废物、矿业固体废物、轻工业固体废物以及其他工业固体废物。不同工业类型所产生的固体废物种类和性质是迥然相异的。

3.危险废物。《中华人民共和国固体废物污染环境防治法》中规定:"危险废物是指列入国家危险废物名录或者根据国家规定的危险废物鉴别标准和鉴别方法认定的具有危险特性的废物。"

危险废物的特性,包括急性毒性、易燃性、反应性、腐蚀性、浸出毒性和疾病传染性。联合国环境规划署《控制危险废物越境转移及其处置巴塞尔公约》列出了"应加控制的废物类别"共45类,"须加特别考虑的废物类别"共2类,同时列出了危险废物"废物共性的清单"共14种特性。

(三)固体废物的危害

1.固体废物的环境影响。露天存放或者填埋处置的固体废物,其中的化学有害成分可通过不同途径释放到环境中,对生物以及人类产生危害。

固体废物污染对自然环境的影响,主要表现在以下三个方面:

(1)对大气环境的影响:堆放的固体废物中的细微颗粒、粉尘等可随风飞扬,从而对大气环境造成污染。其中某些物质的分解和化学反应,还可以不同程度地产生毒气或恶臭,造成地区性空气污染。

(2)对水环境的影响:固体废物随天然降水和地表径流进入江河湖泊或随风飘落入水体,会引起地表水污染;随渗沥水进入土壤,则使地下水污染;直接排入河流、湖泊或海洋,又会造成更大的水体污染。另外,向水体倾倒固体废物还将缩减江河湖面有效面积,使其排洪和灌溉能力有所降低。

(3)对土壤环境的影响:固体废物,尤其是工业固体废弃物中有毒废渣的流失,对土壤造成严重的污染。

2.固体废物对土地资源的影响。大量固体废物的堆积会占用土地资源。随着我国经济的发展和人民生活水平的提高,固体废物的产生量越来越大,其侵占土地的问题会变得更加严重,从而进一步加剧了我国人多地少的矛盾。

3.固体废物对人体健康的影响。固体废物中有害物质可通过环境介质——大气、土壤或地下水体等直接或间接传至人体,给健康造成威胁。

二、固体废物管理规划的内容

(一)固体废物污染防治规划目标与指标体系

1.提出规划原则与目标。固体废物污染防治规划的原则与目标主要包括以下内容:①源头控制优先,促进清洁生产。从源头更新工艺、提高原材料利用效率、推广清洁能源使用,引导控制固体废物产生,促进清洁生产。②因地制宜,因废制宜。立足于规划区域的实际情况,科学客观分析固体废物处理处置状况和存在的问题,合理选用处理处置技术方法。③开展多种途径资源化利用,实现产业化发展。在努力实现固体废物减量化目标的同时,切实开展固体废物利用的产业化工作,逐步将固体废物污染防治重心前移,进行源头削减和产业化利用。④全过程控制管理,防止污染转嫁。对固体废物进行全过程管理,将生产排放的固体废物处理纳入到整个生产生命周期中,严格控制固体废物转移他处。⑤集中治理与点源治理相结合原则。

2.规划指标。固体废物管理规划指标内容包括:①生活垃圾无害化处理率、生活垃圾资源化率、生活垃圾分类收集率;②工业固体废物减量率、工业固体废物综合利用率、工业固体废物处置利用率;③危险废物处置利用率、城镇医疗垃圾处理率。

(二)固体废物污染的防治对策

1.城市生活垃圾的防治对策。城市生活垃圾的防治对策包括:①从源头上控制城市生活垃圾的产生量,逐步改革城市燃料结构,控制工厂原料的消耗定额,提高产品的使用寿命等。②统筹安排建设城乡生活垃圾收集、运输和处置设施,开展综合利用。要解决生活垃圾污染环境问题,首先要有完善的收集、运输和处置设施。建设科学的分类收集设施,将散布于居民周围的生活垃圾聚集在一起,然后通过运输设施,运送到集中处置场所或者予以回收利用。同时,要把城市生活垃圾作为资源和能源来对待,让生活垃圾再度回到物质循环圈内,建设一个资源的闭合循环系统。③提出处置方案。在开展了源头减量和资源循环利用之后,对实在不能利用的生活垃圾则经压缩和无害化处理之后,进行符合环境要求的最终处置。

2.工业固体废物的防治对策。工业固体废物的防治对策包括:①制定并执行防治工业固体废物污染环境的技术政策。要防治工业固体废物污染环境,完善相关技术政策(如《危险废物污染防治技术政策》《废电池污染防治技术政策》等)是重要的一项内容,旨在促进和支持工业固体废物污染环境防治工作,加强管理和技术选择应用,引导相关产业发展等方面发挥积极的作用。②从源头控制,减少工业固体废物产生量。调整产业结构,推广先进的防治工业固体废物污染环境的生产工艺和设备,积极推进企业清洁生产。通过改进工艺,提高原材料利用效率,加强生产环节的环境质量管理,减少废物的产生,促进各类废物在企业内部的循环使用和综合利用。③提高工业固体废物的利用率。建立起原料和能源循环利用系统,使各种资源能够最大限度地得到利用;建设大规模消纳利用工业固废的行业,例如,建材行业、冶金行业和环保产业。④加强安全处置。对于目前无法开发利用的工业固体废物,要建设最终安全处置中心处理。处置中心建设要尽可能考虑区域联合建设原则,同时充分考虑地区已初选的固体废物处置设施选点以及各区域产生量中心的分布密度和需处置量。

3.危险废物的防治对策。危险废物的防治对策包括:①确定危险废物的名称与种类。经过调查分析,要确定规划区域的危险废物名称与种类,制定危险废物重点监管单位名单,加强对重点监管单位的管理。②危险废物的减量化与资源化。通过经济和其他政策措施促进企业清洁生产,重视任何产生危险废物的工艺过程,防止和减少危险废物产生。对已产生的危险废物应首先考虑回收利用,减少后续处理处置的负荷。回收利用过程应达到国家和地方有关规定的要求,避免二次污染。③危险废物的收集、运输与贮存。危险废物要根据其成分,要用合适的方法,并用符合国家标准的专门容器分类收集。鼓励发展安全高效的危险废物运输系统。对已产生的危险废物,若暂时不能回收利用或进行处理处置的,其产生单位需建设专门的危险废物贮存设施进行贮存,并设立危险废物标志,或委托具有专门危险废物贮存设施的单位进行贮存,贮存期限不得超过国家规定,危险废物贮存设施应有相应的配套设施并按有关规定进行管理。④危险废物的最终处置。危险废物的最终处置主要采用焚烧和安全填埋的方法。

三、固体废物管理规划的方法

(一)固体废物管理规划的编制

依据我国颁布的一系列固体废物管理的法规、标准及技术政策,是区域编制固体废物管理规划的基本依据。包括2004年修订的《固体废物污染环境防治法》《生活垃圾填埋场污染控制标准》(GB 16889-2008)、《生活垃圾焚烧污染控制标准》(GB 18485-2014)、《医疗废物管理条例》(2003年)、《危险废物污染防治技术政策》(2001年)等。

(二)固体废物规划分析方法

固体废物规划可采用一些模型,做深入评估与方案筛选等工作,常用的模型如固体废物管理技术经济评估模型、固体废物产生排放预测模型、固体废物处置场地选址及交通运输网络设计、固体废物处理量优化分配等。模型分为预测模型、评估模型、运筹学优化模型等类型。

固体废物对环境的影响是多方面的,对这类预测问题,一般是进行某种模拟试验,根据试验来建立预测模型,再进行相应环境问题的预测。常用的一般方法可采用大气、水影响预测模型,以及因果关系分析法等。

(三)固体废物处置选址方法

1.填埋场与区域的距离。生活垃圾填埋场通过多种途径对区域造成影响,因此,离区域距离较远为好。应设在当地夏季主导风向的下风向,在人畜居栖点500米以外,并特别注意不得建于以下地区:①自然保护区、风景名胜区、生活饮用水源地和其他需要特别保护的区域内;②居民密集居住区;③直接与航道相通的地区;④地下水补给区、洪泛区、淤泥区;⑤活动的坍塌地带、断裂带、地下蕴矿带、石灰坑及溶岩洞区。

2.交通运输条件。交通运输条件一般由两个因素组成:运输距离及可能采用的运输工具(水运、路运或铁路运)。当然,运输距离越近越便利。一般要求距离公路、铁路和河流不超过500 m。

3.环境保护条件。一般要求场地面积及容量能保证使用15~20年,在成本上才合算;对地表水造成污染或污染的可能性很大,一般要求距离任何地表水大于100 m,垃圾渗出液不排入土地或农田,最好不要堆放在河流岸边;尽可能地利用废弃土地或使用便宜的土地或荒地;要远离机场,要求距离大于10 km。

4.场地建设条件。地形越平坦越好,其坡度应有利于填埋场和其他配套建筑设施的布置,不宜选择在地形坡度起伏变化大的地方和低洼汇水处;原则上,地形的自然坡度不应大于5%。

5.地质环境条件。场址应选在渗透性弱的松散岩层或坚硬岩层的基础上,填埋场防渗层的渗透性系数 $K \leqslant 10^{-7}$ cm/s,并具有一定厚度;地下水位埋深大于2 m;隔水层黏土厚度越大越好,一般要求大于6 m;与供水井的距离至少大于300 m,远离水源地500 m以上。

四、固体废物管理规划方案的综合评价

固体废物管理规划方案评价的一个重要方法就是成本效益分析。若规划的工程项目不实施,则会产生一定的经济损失,而实施了该工程项目则可减少经济损失。这是环境经济评价货币化的理论基础。

固体废物造成的经济损失可以从土地损失、水资源、对人体健康影响等方面的经济损失分析评价。

第五节 生态环境规划

一、生态环境规划的概念

生态环境规划是以生态学原理为指导,应用系统科学、环境科学等多学科手段辨识、模拟和设计生态系统内部各种生态关系,确定资源开发利用和保护的生态适宜性,探讨改善系统结构和功能的生态对策,促进人与环境系统协调、持续发展的规划方法。

二、生态环境规划的主要任务

生态环境规划的对象是社会–经济–自然的复合生态系统,探索不同层次生态系统发展的动力学机制和控制论方法,辨识系统中局部与整体、眼前与长远、环境与发展、人与自然的矛盾冲突关系,寻找调和这些矛盾的技术手段、规划方法、管理工具。

三、生态环境规划的主要类型

(一)按地理空间尺度划分

生态环境规划按地理空间尺度划分包括:①区域生态规划;②景观生态规划;③生物圈保护区规划。

(二)按地理环境和生存环境划分

生态环境规划按地理环境和生存环境划分包括:陆地生态系统、海洋生态系统、城市生态系统、农村生态系统等。

(三)按社会科学门类划分

生态环境规划按社会科学门类划分主要有经济生态规划、人类生态规划、民族文化生态规划等。其中随着经济生态学的发展,经济生态规划发展较快,成为区域经济发展规划的重要组成部分。

四、生态环境规划的步骤

生态规划目前尚无统一的工作程序。麦克哈格在《设计结合自然》(Design with Nature)一书中提出了一个规划的生态学框架,并通过案例研究,对生态规划的工作程序及应用进行了探讨,对后来的生态规划影响很大,也成为生态规划的一个思路。该方法分为以下几个步骤:①确定规划范围与规划目标;②收集资料,并分析资源环境条件的性能及其对特定利用方向的适宜性等级;③根据规划目标,建立资源评价与分级的准则;④分析和评价资源对不同利用方向的生态适宜性;⑤确定规划方案。

五、生态环境规划的主要内容与方法

(一)生态调查

生态调查的目的是收集规划区域内的自然、社会、人口、经济等方面的资料和数据,调查的内容主要取决于规划的目标和任务,主要包括以下几方面:①自然环境与自然资源状况调查;②社会经济状况调查;③生态环境质量状况调查。

生态调查的方法通常包括实地调查、历史资料收集、社会调查、应用遥感技术。

(二)生态分析与评价

运用生态系统及景观生态学理论与方法,对规划区域系统的组成、结构、功能与过程进行分析评价,认识和了解规划区域发展的生态潜力和限制因素。

1.生态过程分析。生态过程是由生态系统类型、组成结构与功能所规定的,是生态系统及其功能的宏观表现。自然生态过程所反映的自然资源与能流特征、生态格局与动态都是以区域的生态系统功能为基础的。同时,人类的各种活动使得区域的生态过程带有明显的人工特征。在生态规划中,受人类活动影响的生态过程及其与自然生态过程的关系是关注的重点。特别是那些与区域发展和环境密切相关的生态过程(例如,能流、物质循环、水循环、土地承载力、景观格局等),应在规划中进行综合分析。

2.生态潜力分析。狭义的生态潜力指单位面积土地上可能达到的第一性

生产力(亦称初级生产力),它是一个综合反映区域光、温、水、土资源配合的定量指标。它们的组合所允许的最大生产力通常是该区域农、林、牧业生态系统生产力的上限。广义的生态潜力则指区域内所有生态资源在自然条件下的生产和供应能力。通过对生态潜力的分析,与现状利用和产出进行对比,可以找到制约发展的主要生态环境要素。

3.生态格局分析。人类的长期活动,使区域景观结构与功能带有明显的人工特征。原来物种丰富的自然植物群落被单一种群的农业和林业生物群落所取代,成为大多数区域景观的基质。城镇与农村居住区的广泛分布成为控制区域功能的镶嵌体,公路、铁路、人工林带(网)与区域交错的自然河道、人工河渠及自然景观残片共同构成了区域的景观格局。不同要素、区域的基质,构成生态系统第一性生产者,而在山区和丘陵区,农田则可能成为缀块镶嵌在人工、半人工或自然林中。城镇是区域镶嵌体,又是社会经济中心,它通过发达的交通网络等廊道与农村及其他城镇进行物质与能量的交换与转化。残存的自然斑块则对维护区域生态条件、保存物种及生物多样性具有重要意义。

4.生态敏感性分析。在生态规划中必须分析和评价系统各因子对人类活动的反应,进行敏感性评价。生态敏感性评价一般包括:水土流失评价、自然灾害风险评价、特殊价值生态系统和人文景观评价、重要集水区评价等。

5.土地质量与区位评价。对土地质量和区位的评价实际就是对复合生态系统的评价与分析的综合和归纳。土地质量的评价因用途不同而在评价指标、内容、方法上有所不同。对于评价指标和属性,可采用因素间相互关系构成模型为综合指标,也可采用加权综合或主成分分析等方法,找出因子间的作用关系和相对权重,最终形成土地质量与区位评价图。

(三)决策分析

生态规划的最终目的是提出区域发展的方案与途径。生态决策分析就是在生态评价的基础上,根据规划对象的发展与要求以及资源环境及社会经济条件,分析与选择经济学与生态学合理的发展方案与措施。其内容包括:根据发展目标分析资源要求,通过与现状资源的匹配性分析确定初步的方案与措施,再运用生态学、经济学等相关学科知识对方案进行分析、评价和筛选。

1.生态适宜性分析,是生态规划的核心,也是生态规划研究最多的方面。目标是根据区域自然资源与环境性能,按照发展的需求与资源利用要求,划分资源与环境的适宜性等级。自麦克哈格提出生态适宜性图形空间叠置方法以来,许多研究者对此进行了深入研究,先后提出了多种生态适宜性的评价方法,特别是随着地理信息系统技术的发展,生态适宜性分析方法得到进一步发展和完善。

2.生态功能区划与土地利用布局。根据区域复合生态系统结构及其功能,对于涉及范围较大而又存在明显空间异质性的区域,要进行生态功能分区,将区域划分为不同的功能单元,研究其结构、特点、环境承载力等问题,为各区提供管理对策。

3.规划方案的制定、评价与选择。在前述分析评价的基础上,根据发展的目标和要求以及资源环境的适宜性,制定具体的生态规划方案。生态规划是由一系列子规划构成的,这些规划最终是要以促进社会经济发展、生态环境条件改善及区域持续发展能力的增强为目的。

第六节 土壤环境规划

一、土壤环境规划及其相关概念

可持续土壤管理中的土壤属性——土壤质量、土壤功能、土壤生态是目前土壤环境规划和管理的重要内容,土壤环境涵盖了上述三方面的内容。

土壤环境规划是指在一定规划时间内在特定规划区域,为平衡和协调土壤环境与社会、经济之间的关系,对土壤环境保护目标和措施所做出的统筹安排和设计,以期达到土壤环境系统功能的最优化。土壤环境规划可划分为土壤环境质量规划和土壤污染控制规划两类。

土壤环境质量是指在一定的时间和空间范围内,土壤自身性状对其持续利用以及对其他环境要素,特别是对人类或其他生物的生存、繁衍以及社会经济发展的适宜性,是土壤环境"优劣"的一种概念和量度。作为土壤环境质量规划的重要内容,我国土壤环境质量标准已从传统的基于质量达标的思路,转变为基于风险控制的观念。土壤环境质量现行标准是基于暴露风险评估方法和不同的土地利用方式,依据土壤生态毒理学效应和人体健康暴露风险,制定基于风险管控的保护生态和人体健康的土壤质量指导值。

《土壤污染防治行动计划》和《土壤污染防治法》中分别涉及的土壤污染治理与修复规划和土壤污染防治规划,属于土壤污染控制规划,是土壤环境规划在末端治理和防控方面的细化。目前我国大气和水环境污染控制均采用达标排放管理的思路,但土壤与大气、水不同,即使污染源达标排放,由于土壤中污染物的累积作用,长时间周期后仍可能出现土壤中污染物超标问题。根据发达国家经验,土壤污染控制规划应基于受体安全的风险管控思路制订防治策略,根据当前及今后土地利用情况进行风险评估,进而确定是否进行修复,使治理修复后适合某一特定用途。

二、土壤环境质量规划思路探讨

《土壤污染防治行动计划》和《土壤污染防治法》中都有涉及土壤污染控制规划和风险管控的内容,而在土壤环境质量规划方面,土壤环境质量标准数量较少,布局不均衡,多侧重于土壤的化学分析方法标准,缺少土壤质量评价和土壤修复及培育等方面的基础标准。2018年6月28日生态环境部印发的《土壤环境质量 农用地土壤污染风险管控标准(试行)》(GB 15618-2018)和《土壤环境质量 建设用地土壤污染风险管控标准(试行)》(GB 36600-2018)均为土壤污染风险管控的标准,规定了农用地和建设用地土壤污染风险筛选值和管制值,以及监测、实施与监督要求,该标准于2018年8月1日起施行。至此,在我国施行了22年的《土壤环境质量标准》(GB 15618-1995)废止。但由于土壤利用方式、土壤功能和受体不同,该标准会有所不同,因此还需将农用地土壤污染风险管控标准细分为林地、草地、园地等其他农用地土壤环境类别,制定适用于自然土壤、工业用地、地球化学异常的高背景区的土壤污染风险管控标准;同时鼓励地方政府制定地方土壤污染风险管控标准。土壤污染风险管控标准为土壤环境质量规划提供依据,可有效推进土壤环境质量规划的编制和实施。

三、土壤环境规划基本编制框架

(一)土壤环境现状调查与分析

首先对土壤环境现状进行调查,编制土壤环境状况调查报告。调查报告应涉及基础信息,如地块基本信息、土壤环境质量现状背景值、污染物含量是否超过土壤污染风险管控标准等内容。对缺失的信息,在必要的情况下进行补充监测。

（二）土壤环境评价与预测

在对土壤环境进行调查分析的基础上，识别出当前土壤环境的主要问题，对土壤环境现状做出评价和预测。传统的土壤环境评价方法有指数法、模糊数学评价法、层次分析法、灰色聚类法等。目前土壤环境评价多基于风险视角，关注人体健康风险评价、土壤重金属污染生态环境风险评价等方法。同时，基于3S技术和新型信息处理系统逐渐发展出创新的土壤环境评价方法，如人工神经网络法和基于GIS技术的土壤环境评价方法。

（三）确定土壤环境规划目标

土壤环境规划目标的制定应该考虑当前土壤环境的客观条件，同时结合国民经济与社会发展的要求，从土地资源利用、土壤污染控制等角度确定土壤环境规划的目标。土壤环境规划力求从规划角度为保护和改善土壤生态环境，防治土壤污染，保障公众健康，促进经济社会可持续发展提供指导。土壤环境规划的目标是通过管控土壤污染风险，保障农产品质量安全、土壤生态环境和土壤周边生产生活人群的身体健康。土壤环境规划目标的制定需要经过多方案比较与反复论证，从多个备选方案中权衡选出最优方案或次优方案。

（四）土壤环境功能区的划分

土壤功能可概括为三个方面，即生产功能、生态功能和承载功能。土壤环境功能区划是依据社会经济发展需要和土壤环境保护要求，依据土壤环境质量特征与总体状况，按照土地资源利用现状、土地利用方向，考虑土壤生产、生态和承载功能，结合不同用途土地的土壤污染风险管控标准，划分为具有科学性、可操作性的土壤环境功能类型，并且对区域进行合理的划定。

（五）土壤环境规划方案的编制与优选

土壤环境规划方案的重点内容包括：对现有土壤污染状况进行有效评估；农用地分类管理、建设用地准入管理应是考量的重点；推进未污染土壤保护，控制污染来源，加强土壤污染治理与修复；以强化科技支撑、治理体系建设、目标责任考核为保障。各种规划方案措施经过综合分析权衡后，制订出可供选择的实施方案，这些方案的可行性和可操作性可通过费用-效益分析、环境承载力分析、方案可行性分析等进行综合评价和优选，最终得出最优化的规划方案。

（六）规划的实施和评估

规划制订完成后，需要落实到具体的实施和管理中。在规划实施到一定阶段后（中期或终期），需要根据区域的土壤环境状况和规划的实施情况，对规划的实施效果进行评估，并根据评估结果对规划的实施进行适当调整，作为依据指导下一阶段规划的制定。

第六章 环境治理探索

第一节 环境治理现状

目前,环境问题已成为阻碍社会经济可持续发展的重要因素之一。因此,深入研究环境变化的特征,分析环境问题的发生、发展规律,将为协调人类与环境的关系提供可靠的理论依据。

一、世界环境现状

世界环境从区域性、小范围的环境污染扩展为全球性环境问题,已经成为当前环境问题的共同特点。环境污染从少数工业城市扩展为全球,环境问题从发达国家扩展到发展中国家,从第一世界扩展到第三世界,成为全世界人类共同面临的问题,成为全球性问题。一方面,发达国家在工业升级的过程中把淘汰工业向发展中国家转移,并向第三世界输出垃圾;另一方面,发展中国家自身工业化的发展,以及由于贫穷和债务迫使他们过度开发自己的环境资源,其环境正受到越来越严重的损害,不少地方已经出现经济发展与环境破坏之间的恶性循环,这样就使全球环境朝着不断恶化的方向发展。

(一)空气污染和水污染严重

空气污染主要来自生活、工业及汽车尾气的排放,其所排放的二氧化碳剧增是人类生存环境恶化的主要原因。工业革命以来,大气中的二氧化碳含量一直处于增加状态。除此之外,城市生活垃圾所带来的空气污染也不可忽视,垃圾处理场受利益的驱动,为降低处理成本,往往不采取有成本的环保措施来处理生活垃圾,由此导致严重的空气污染和水污染。

生活污水和工业废水的排放量逐年增加,大量的废水挟带着有机污染物、氮磷等营养性污染物,以及很多难降解的有机物倾倒入江河湖海,造成严重的水环境污染。南海海域石油类污染较重,近海的富营养化趋势严重,赤潮发生频率不断上升,淡水湖泊富营养污染严重。

（二）森林锐减

工业化以来,森林遭到过度砍伐,据联合国粮农组织统计,地球上每分钟就有2000平方米森林被毁掉。自1950年以来,全世界森林已损失了1/2。其中我国黄土高原就是一个典型的例子,其森林覆盖率由解放前的5%发展成为我国水土流失最严重的地区,每立方米的黄河水中竟含有泥沙37千克,是世界上含沙量最高的河水。由于泥沙淤积,黄河变成高高在上的"悬河"。

（三）耕地减少

土地荒漠化严重。据研究,全球每年有2100万平方米的农田由于沙漠化而变得完全无用或近于无用。全球有100多个国家,9亿多人口和25%的陆地受到荒漠化的威胁。

（四）物种灭绝速度惊人

工业革命以后,人类大规模的经济活动,导致物种的灭绝速度达到令人惊骇的程度。据研究,人类进入文明社会的2000年来,约有110多种兽类和130种鸟类灭绝。

二、我国生态环境治理现状

我国这些年一直非常重视生态环境保护问题,强调各地区在抓经济的同时一定要做好环境保护工作,不能只顾经济,而将生态问题完全置于脑后,生态环境的破坏是不可逆的,虽然短期内获得巨大经济效益,但损害的却是人们长期的利益,是得不偿失的。

我国的环境治理,从总体战略上来看,西部地区的发展在我国社会经济长远发展中的战略地位十分显著。搞好生态环境保护和建设已成为西部开发的根本任务。我国要采取"退耕还林、封山绿化、以粮代赈、个体承包"的综合性措施。

虽然我国在生态环境治理上已经取得了很大进展,但是在当下,以及未来很长一段时间内,生态环境污染等问题依然严峻,生态环境恶化趋势还没有从根本上获得扭转,生态环境破坏已经成为制约我国社会经济可持续发展的关键因素,生态环境保护工作任重道远。

(一)我国生态环境面临的紧迫现状

1.城市环境污染态势严重。

(1)大气环境污染严重:虽然我国大气污染近些年已经得到了有效控制,但问题依然存在。我国长期使用燃煤,煤炭消耗大,导致部分地区酸雨污染严重,尤以西南和东南部酸雨最为突出。

(2)水环境污染呈现恶化:全国各大河流湖泊有近半数受到严重污染,城市水质超标,几千公里河段内的鱼类几乎灭绝,百分之五十左右的中小河流不满足渔业水质标准,每年的污染死鱼事件造成的经济损失高达四亿元之多,严重威胁到了国家和人民的经济利益。

(3)噪声和固体废物污染依然严重:城市道路噪声污染严重,且很多城市呈现恶化态势,据相关数据监测,大多数城市噪声声级超标,全国有三分之二的城市居民在噪声污染环境下生活和工作。在城市环境中,还存在另一大污染现象,就是固体废物污染,工业生产过程中产生大量废弃物,这些废弃物每年都在以两千万吨的速度快速增长着,极大地威胁着城市居民生存健康,且城市垃圾也在以每年百分之十的速度增加,如果不及时进行治理很有可能出现垃圾包围城市的情况。

2.生态破坏态势严重。很多地区为了追求经济利益,对自然资源大肆开发,导致过度开发,自然资源也没有得到合理使用,生态环境破坏问题不断出现恶化和失衡,引发了一系列环境问题。

(1)很多物种濒临灭绝:我国有着非常丰富的生物以及植物种类,然而在生态环境破坏之下,诸多动植物濒临灭绝,它们生存的环境遭到破坏,生命受到威胁,据相关数据表明,我国有将近五千种高等植物处于濒危状态,占比达百分之十五以上。

(2)植被破坏严重:作为生态系统重要支柱之一的森林系统近些年破坏严重,成熟林储量已经大幅度减少,由于过度放牧,以及没有进行科学有效的管理,我国草原资源也出现大面积退化、沙化现象,导致风沙严重。

(3)土地退化严重:我国土地沙漠化自新中国成立以来一直呈现快速增长趋势,同时还存在严重的水土流失现象,目前面积已达179万平方公里。

(二)我国采取了一系列的生态环境治理措施

面对各种严峻的生态环境危机,我国也采取了一系列有效措施进行改善。我国以可持续发展战略为中心,以彻底改善生态环境为目标,对破坏生态环境的行为零容忍,打击一切人为破坏行为,举全国之力遏制生态环境恶化态势,通过一系列治理措施的开展对生态环境保护起到了重要的助推作用。

1.水资源。为了杜绝各地区水资源过度开发利用给水资源环境带来的破坏,我国积极开展了全国水资源统筹兼顾工作,实施了将南方水资源引到北方的措施,有效解决了北方水资源不足问题,以及将黄河水引入山西的三个主要能源城市,为其提供充足水源等重要举措,解决当地水资源不足的同时,有效避免了水资源过度开发造成的破坏现象。

2.土地资源。各项工程开发建设中,提倡科学选址,最大程度减少土地、林地等资源的占用,尤其是在铁路、公路等较长线路的建设规划中,要对土地资源进行重点保护,尽量防止土地沙化及水土流失现象的出现,将资源破坏率降到最低。同时对非牧场草地的开发进行严格监管,杜绝大面积过度开发现象。

3.森林、草原资源。森林和草原资源是维护生态系统稳定的重要因素,如果这些资源遭到破坏,生态环境将失去平衡,对空气质量等方面都会产生严重影响,对此国家采取了有力措施,将部分重点生态功能区划为禁垦区、禁伐区,禁止一切垦伐放牧活动,有效地保护了森林和草原资源。

4.生物物种资源。我国出台相关法律法规,明令禁止一切非法捕杀现象,严厉打击各种采集濒危生物的活动,切实保护野生动植物的安危,尤其是濒临灭绝的生物。

5.海洋渔业资源。近些年海洋资源过度开发利用导致其生态环境也受到不同程度的破坏,我国对此加强了各种海岸工程的审批程序,对海洋资源过度围垦等行为进行严格管控,同时加强对沿海防护林、珊瑚礁等资源的保护,防止这些宝贵资源遭受破坏。

6.矿产资源。矿产资源开发带来的生态环境破坏是不容小觑的,矿产开发带来的水质污染、周边环境破坏现象严重,针对这种情况,国家严格要求开采单位在采矿过程中要选取有利于环境保护的开采方式,以及选择最佳工期和开采区域;把对生态环境造成的破坏程度降到最低,严格防范开采导致的地质灾害的发生。

7.旅游资源。近年来随着人们生活水平的提高,旅游需求呈现快速上升趋势,加大了旅游资源的开发力度,而旅游资源过度开发势必会给生态环境带来破坏,因此国家相关部门明确提出,要对旅游区进行游客容量控制,使其保持在合理范围之内,对旅游线路也要进行精心规划,确保其旅游设施建设在生态环境承载能力之内,杜绝过度开发建设。

三、环境恶化的成因

(一)经济活动、城市化和工业化的盲目扩大

1.对大气环境的影响。随着经济水平和科技水平的提高,城市化和工业化的进程都在迅速地往前推进,带来人口和工厂企业的集中。而大工业生产以及工厂门类和数量的增多,居民使用燃料、工厂采用化工产品排放的大量烟尘,极大地改变了大气的组成。据分析,城市大气污染物中烟尘最为突出,而且在排放烟尘的同时,还夹杂有二氧化碳、二氧化硫、氟、氯等废气。

2.对水环境的影响。城市化增加了房屋和道路等不透水面积和排水工程,从而减少了渗透,增加了流速,地下水得不到地表水的补充,破坏了自然界的水分循环,导致地球表面总体供水紧张,并且工业生产中的废渣、废水、废气直接流入江、河、湖、海或渗入地表,都会对水体产生影响,危害人们的健康。城市中的生活用水,尤其是各种洗涤剂、洗衣粉、浴液、洁厕液等的大量使用,使城市废水中的化学成分和有毒物质的比例上升,再加上一些城市对污水处理和排放不当,使水污染更加严重。

3.城市化和工业化对水生物环境的影响。城市化严重地破坏了生物环境,改变了生产环境的组成和结构,使生产者有机体与消费者有机体的比例出现失调。房屋密集,街道交错,到处是水泥建筑和马路,阻断了生物群体之间的通道,影响了生态系统的平衡发展。同时工业生产所产生的污染严重影响了生态系统的原生态,使一些适应性差的生物被现实环境所淘汰。

(二)人口的急剧增长

目前,世界人口已超过80亿,而亚、非、拉等许多发展中国家新增人口占世界人口增长的90%。这些地区多属于人口素质低、资源开发状况差、经济贫困的国家,是世界人类与环境矛盾较突出的地区。第二次世界大战以来,世界人口城市化速度加快,大城市、特大城市发展较快。因此,人口急剧增长带来城市人口的过度膨胀,导致城市环境自净能力降低、污染严重等一系列环境问题。

(三)化肥、农药、地膜的大量使用

首先,化学肥料中的氮、磷、钾等比传统农家有机肥的含量高,作物吸收快,能迅速提高农作物产量。但是大量施用化肥的负面作用日益突显出来,造成土壤板结,土壤质量下降,更严重的是造成水质污染,化肥含量高的农田用水特别是稻田用水排入河湖,导致鱼、虾、蟹等水生动物减少甚至灭绝。

其次,农药污染近年来也逐年加重。菜农、果农为了追求高产量、高效益,喷洒大量的农药。长期过量对粮作物施用农药,将使害虫产生很强的抗药免疫性,还将导致农药更严重的过量施用,如此恶性循环,使蔬菜、水果中的农药残留量增加,长期食用这种过量施用农药的瓜果蔬菜,对人体的健康有严重危害。

最后,地膜覆盖和各种暖房生产的出现,有效提高了蔬菜、水果的单位面积产量,打破了季节性和地区性的生产限制,给人民的生活带来了实惠。但据调查,现在使用的这类塑料薄膜,埋在土壤中200年也不会腐烂,塑料大棚之类的使用和不恰当的废旧处理,已经形成了"白色污染",威胁着人们的生活和健康。

四、可持续发展理论

1987年联合国发表了《我们共同的未来》一书,该书首次提出了可持续发展的概念,并指出可持续发展是在不断提高人们生活质量和环境承载能力的同时,既满足人们当前生活的需要,又不损害下一代生存和发展的需要,以最小的自然消耗取得最大的社会效益和经济效益。因此,可持续发展是当今世界发达国家与发展中国家共同追求的理想模式。

从内容上来看,可持续发展理论不是孤立地指某个单一要素,而是指诸多要素全方位协调发展,是人口、经济、社会、资源、环境等各个单一要素的统一运行;从时间上来看,它是长期恒久的;从代际关系上来看,它不仅能满足当代人发展的需要,而且也同样能满足子孙后代的需要;从涉及的范围上来看,它指的不是个别、局部的问题,而是整体的全局的问题,它不仅是个别区域能否可持续发展的问题,而是众多区域的,甚至是全世界的可持续发展问题。

(一)加强城市规划,合理布局

城市的布局涉及自然、经济、技术和环境等各方面因素,必须统筹规划,综合平衡。首先,城市的布局要考虑地形、气象、水文等对环境的影响。城市工业严重污染区,一定要布置在下风向。城市的工业布局还要密切注意河流的走向、流量、泥沙流动规律和河流的自净能力。其次,城市内部布局也应有利于保护环境。多中心格局、放射状布局,有利于改善城市生态环境。对城市土地实行有偿使用,以地租地价来调节土地需求,就可以使城市既具有凝聚力,又具有排斥力。有偿使用土地,可以杜绝多占地、占地不用的现象,在一定程度上缓解了城市土地需求膨胀与供求短缺的矛盾,使城市经济的运行基本建立在城市土地存量上,减少了盲目向外扩张的情况。

(二)实行以资源保护为核心的环境管理

用新技术、新工艺开发新能源,可以提高资源利用率,同时,实施制度创新,实行环境资源的有偿使用,不断进行技术创新,由粗放式生产向集约型生产转变,通过提高资源的利用效率,最大限度地把资源转化为产品。合理利用和保护土地资源、水资源和生物资源,防止水土流失,控制环境污染,保护野生动植物资源,实现经济效益和环境效益的统一发展。

环境问题产生的根源在于经济的外部性。我们可利用经济政策,通过市场机制,把因物质利用不一致造成的经济外部性内化到各级经济分析和决策过程中。通过事后增加治理成本的方法来削减污染,实行环境资源的有偿使用,既能有效地约束污染者的排污行为,确保"污染者负担",又能为政府进行环境集中治理筹集资金,或将资金用于清洁生产技术的研究开发等,实现环境与经济、社会的可持续发展。因此,实行环境资源的有偿使用,是解决污染的根本思路。保护环境的经济手段主要有环境费、环境税、排污权交易等。

(三)大力发展环保产业

依据生态经济学理论,用生态工艺代替传统工艺,具体对经济活动进行规划、设计保持环境系统基本的生态过程和生命的延续,实现人类生存环境的可持续利用。在全民中开展环保知识的宣传活动,增强公众的环保意识,树立"保护生态环境也是生产力"的思想,使企业树立"清洁生产观",消费者树立"绿色消费观"。

第二节 环境治理策略

一、生态环境与经济社会发展进程中的博弈

各国经济体之间的密切往来带来了信息、资金、商品等的快速流动和交换。一方面,经济全球化下的商业文明凭借其繁复多样的物质资料给人们的生活带来了动力,给社会的发展带来了推力;另一方面,出于资本的逐利天性以及当代社会对物质文明的过分依赖,显示出明显的弊端。

由于技术上的不足与政策上的不完善,即便各国积极推行清洁能源、资源利用率提升等策略,对于环境的开发利用与保护也依旧停留在一个较低的水准。世界各国的学者通过不同的研究方法,分析不同的案例发现,经济发展与环境污染间存在着广泛、深入且密切的联系。这些不同的研究结论尽管采取的研究方法各不相同,但都从不同的角度表明了经济与环境之间的密切关系。

近年来,中国经济步入高速发展期,在发展的同时也存在着资源粗放、无序消耗和环境污染等问题。

(一)集约化程度不高而导致资源利用率不高

即便相关资源某种程度上已经做到时间和空间上的集中,但是未能注入"管理"策略,从而使得现有的物质资源未能发挥最大化效用,未能从根本上使发展效率得到明显提升。

(二)企业的逐利天性使得对于环境治理的关注度不够

企业对于利益的过分追求,使其在发展过程中,对环境造成巨大的破坏,比如,大气污染、水体污染、农林废弃物等问题在我国愈发显著。从事制造业的企业将大量资金投入技术创新,在提高生产效率的同时,给市场提供更加丰富的产品体系和供给能力,从而在市场上建立起与竞争对手之间的强有力的技术壁垒和贸易护城河,以获得更加丰厚的利润。但企业对环境治理的投资因为收益不明显,同时产生了更多的能源消耗,在生产过程中排放的污染物在一定程度上降低了环境治理效率提升的可能性。环境治理成果在产业化阶段应用的时间差,带来环境治理绩效的滞后。

(三)环境保护与治理缺乏行业范式

对于优良环境的定义,社会各界的责任缺乏清晰的界定。我国目前解决环境问题的途径是以政府为主导,但实际上,企业在环境治理方面投入的经费,往往并没有因为政府加大扶持而同比例的显著增加,政府扶持有时难以有针对性地激励企业采纳清洁生产技术,因而产生"公地悲剧",陷入"囚徒困境",使得区域之间的合作,尤其是地方政府间合作因为各自的立场而成为难以实现的状态。地方政府在关、停、并、转重污染企业,追加公共投资的同时,企业的生产成本提高,收益降低,间接导致了地方GDP的下降,一些地方政府往往更加注重短期效益,追求自身效用或利益最大化,在环境治理决策的时候,更加倾向于选择任期内的"最优"策略,对环境污染治理等涉及全局或者其他地区利益的事则态度冷漠。污染排放自身存在着显著的动态积累效应,故而环境治理本身就具有一定难度。

二、国家治理下的环境治理策略

为改变目前经济社会发展与生态环境保护不平衡的现状,社会各界亟须从国家视阈下重新审视生态环境保护的新策略。

(一)企业

对于企业而言,尤其是生产型的企业,应当承担更多的社会责任:①制造业企业应当树立正确的发展理念,在确立发展目标的同时应当将环境承载力作为重要的因素予以考虑。在生产过程中,将生产对环境产生的影响、应对效率等阶段性特征纳入考虑,将节能减排的指标向生产过程分解,从而实现绿色增长。②考虑到目前现实中的科研成果还不足以支撑和应对环境治理中产生的全部问题,企业自身的科技创新能力不断提升,体现在利用各项生产资源的过程中提高利用率,减少三废排放,最大化地增加产品附加值,同时不断加大对环境治理方面的科技投入,提升效率。③制造业企业在处理好自身与环境治理之间关系的同时,也能够为其他行业提供示范和引领,并使得环境治理与企业自身发展形成良性互动。

(二)政府

对于政府而言,应实现协作治理和统筹推进:①政府内部间应形成良性竞争与协作的关系。通过强化体制机制,逐步完善科学、合理、有效的激励约束机制,引导地方政府在自利的同时,实现他利和多方共赢及区域间整体利益的最大化。譬如,在区域一体化磋商时,在分配方式方面进行加权考量,发挥市场基础性作用,既不损害现有主体方的既得利益,又能保护"准主体"的利益;建立和完善科学、合理的地方政府绩效评估考核机制有其必要性,中央政府通过统筹考虑,引导强化地方政府树立区域环境治理合作意识,从而减少过度的自利所带来的地方保护主义等不良行为,并激发地方政府环境保护利益的主体意识,避免机会主义行为出现过度的影响。②政府应当在全社会宣传、完善、引导建立绿色消费制度,引导社会民众的消费导向,在社会上形成倡导绿色消费的理念,努力实现从生活的点滴源头上减少"三废"排放,实现不断提高资源利用效率的目标,以期缓和环境治理上的压力。

(三)国家

对于国家而言,要形成"环境国家"的概念。对于"环境国家"这一概念最具代表性的界定出自德国学界的库福尔教授。他曾对环境国家进行了三次不同层面的界定:第一次界定,他从国家目标出发,认为环境国家的目标是保护环境;第二次界定,他提出环境国家是指"以不损害环境为任务,并以此作为决策基准与目标的国家制度";第三次界定,他认为环境国家是"将环境保护的目标一体化,并以此作为优先任务的国家"。实际上,环境保护是一个复杂问题,涉及利益多元,是一个描述性、开放性的概念,宪法通过确认基本权的保障,避免过于偏激的环境保护带来的"生态专制",从而保障公民的基本权利。

另外,还需明确"环境宪法"的规范领域。"环境国家"这一概念的优越性既兼顾了社会、经济、环境、民生等多重利益的平衡与协调,又突出了国家责任,具有最大程度的可接受性。从国家视角,更加深刻认识并对待环境治理问题有益于扩展视野和统筹部署。

三、科学发展观视野下的环境治理策略

以下基于代内公平的视角与成本–收益分析法对科学发展观视野下的环境治理策略进行探讨。建设"两型社会"和实践科学发展观,迫切要求加强生态环保工作,实现环境代内公平。代内公平要求不同区域、人群因环境污染、环境保护与治理所引致的成本与收益的公平负担与分配。环境代内不公平包括环境污染代内不公平和环境治理代内不公平,这两种不公又分别体现为区域不公平、城乡不公平和贫富不公平三个维度。欲消弭环境代内不公平,须完

善环境税费政策,建立排污权交易市场,实现环境污染外部效应的内部化,落实"谁受益,谁补偿"的原则,建立健全生态补偿机制。

(一)环境代内不公平的表征——基于成本-收益分析方法

环境问题是我国当前面临的众多难题之一,也是关乎我国经济社会可持续发展和"两型社会"建设的重要问题。代内公平是可持续发展原则的重要内容之一,而可持续发展总是与资源、环境问题联系在一起的,因而环境问题与代内公平理论具有内在的关联。

1.环境污染中的代内不公平。环境资源的公共属性赋予了环境污染极强的负外部效应,降低了环境资源在不同区域和人群间的配置效率,这也是造成代内不公平的根本原因。

(1)区域不公平:即不同区域间因环境污染带来的成本与其所享受的收益不均衡。东部地区在经济高速发展和GDP快速提升的同时却忽视了对生态环境的保护,享受了因经济增长带来的效益,由此造成的环境污染却由中、西部地区买单,而自己并未付出相应的成本,也并未对受污染的地方给予相应补偿。不仅如此,区域间因环境污染引致的成本与收益也极不均衡。随着西部大开发战略的实施,西部丰富的矿产资源被大量开发,成为东部经济持续高速发展的动力源。矿产资源的过度开发和不合理开发,给西部的生态环境造成了巨大的损害,滑坡、泥石流等地质灾害频发,三大污染也日益严重。

(2)城乡不公平:新中国成立以来,农村为国家的经济体制改革和产业结构调整做出了巨大牺牲,工、农产品的价格剪刀差,使城市从农村汲取了大量财富,造成了城乡之间居民收入的差距。农村为城市的发展付出了巨大的成本,而自身的环境污染却日益严重。

2.环境保护与环境治理中的代内不公平。环境保护与治理既可以带来利益也可以产生负担。

从长远来看,环境保护与治理能够刺激和带动以环境产业为中心的旅游业、服务业等相关产业的发展,促进产业结构的调整,吸引外部资金的注入,带来可观的经济收益。与此同时,环境保护与治理也须支付高昂的成本,包括环境治理成本、环境保护维持成本、环境保护发展成本、环境保护和治理的机会成本。从短期来看,环境保护和治理的成本甚至超过了其能带来的可视收益,这也是地方政府对于环境保护和治理不作为或乱作为的症结所在。

(二)环境代内不公平的消弭策略

环境代内不公平阻滞了"两型社会"建设的进程,也违背了科学发展观与和谐社会的主旨。因此,必须对这一现象给予高度关注,并从环境污染和环境治理两个层面着手,制定切实可行的策略,消弭环境领域中的代内不公平。

1.落实"谁污染,谁付费"的原则,实现环境污染外部效应的内部化。环境污染的外部性是造成环境污染代内不公平的根源,因而消弭这种不公,也应从消除其外部性入手。经济学家们给出了两种"药方":一种是庇古税方案,另一种是科斯方案。庇古税方案主张用征税或罚款的办法将外部成本转化为内部成本。科斯方案则主张通过明确界定和保护产权,通过市场的自愿交易来解决。在实际生活中,各国政府综合采纳了这两种方案来消除环境污染的外部性,既通过政府手段收取排污税费,也尝试建立排污权交易市场,通过市场手段对排污权进行合理配置。

长期以来,我国主要通过政府的外部约束来减少环境污染,且以收取排污费为主。收取排污费增加了部分私人边际成本,但因其固有的缺陷和执行中的种种问题使其在控制污染上大打折扣。排污收费制度有效发挥作用的前提是政府能够准确掌握私人边际成本与社会边际成本的差额,依据此差额确定合理的收费水平,但在实际中因信息不对称和政府的有限理性及其创租卖租行为很难满足此条件。在我国,排污收费制度还面临着排污费标准偏低、依据欠妥、范围过窄、刚性较弱等问题。为此,必须加大环境收费力度,完善排污收费政策,彻底改变违法成本低、守法成本高的现状,落实"谁污染,谁付费"的原则,提高污水处理费征收标准,依据污染排放量而非超标排放量收费,拓宽排污收费范围。为了解决排污收费刚性较弱及其由此引致的寻租和地方保护主义行为,中央政府应开征排污税,建立以排污量为依据的直接污染税、以间接污染为依据的产品环境税,以及针对废水、废气、固体废弃物等各种污染物为对象的环境税。

相较排污税费政策而言,排污权交易是一种内在约束的力量,更具有激励作用。即中央政府依据当年的污染物排放总量控制目标,将污染物排放指标通过多种形式分配给各区域、城市和乡村,并允许污染物排放指标在不同区域、城市和乡村间进行自由交易。不同区域、城市和乡村可以将自身的治污成本与排污交易市场的价格相比较,通过排污交易市场买卖排污权。通过建立排污权交易市场,可以使中西部、乡村获得出售排污权的收益,增加东部、城市购买排污权的成本,调节不同区域、城市和农村在环境污染和治理上成本与收益的不均衡,实现环境资源的内在化,也有利于东部地区、城市减少污染物的排放以降低排污的成本,改善总体环境。

2.落实"谁受益,谁补偿"的原则,建立健全生态补偿机制。生态补偿是一种使外部成本内部化的经济手段,通过对保护和治理环境的行为进行补偿,提高该行为的收益,以求实现环境保护和治理收益与成本的均衡,消散因环境保护和治理引发的环境代内不公平。生态环境保护成果的不合理分享,加剧了区域之间、城乡之间发展的不平衡和不协调,影响到社会福利在不同群体间的公平分配,在局部地区甚至影响到社会稳定,因而迫切需要建立生态补偿机制以调整环境利益分配关系,促进区域、城乡和人群间的协调与公平发展。目前,国家已经建立了一些初步的生态补偿资金和渠道,但有关生态补偿的法律法规体系还相对薄弱,补偿内容、方式和标准的规定尚不明确,管理体制和机制也不健全,主要是按照要素分配到各个部门分头管理,生态补偿还不能完全依理依法进行,部门利益导致补偿受益者与需要补偿者相脱节。

为了促进区域间和城乡间生态经济协调发展,实现环境保护的代内公平与可持续发展的终极目标,国家需要建立完善、统一的生态补偿机制,确保在公平、合理、高效的原则下,实现生态环境保护与建设投入的制度化、规范化、市场化。

(1)制定专项生态补偿方面的法律法规:对补偿的内容、方式和标准做出明确的规定,将生态环境建设资金投入与补偿的方针政策和措施予以统一。

(2)完善中央财政转移支付制度:加大中央财政转移支付力度。中央财政增加用于中西部地区和农村环境保护与治理的预算规模和生态补偿项目。对中西部地区和农村因保护生态环境造成的财政减收,应作为财政转移支付资金分配的重要方面。中央政府应对中西部地区和农村实行政策倾斜,增加其环境保护与治理的专项财政拨款、财政贴息和税收优惠等政策支持。

(3)建立地方政府间的横向财政转移支付制度:实行东部地区对中西部地区、城市对农村的财政转移支付,通过区域间和城乡间的横向转移支付改变既有的利益格局,提高中西部地区和农村居民的生活水平,缩小区域间、城乡间的经济差距。

(4)建立生态补偿基金:通过国家财政拨款、强制性征收生态环境税费等途径筹集资金建立生态补偿基金,主要用于西部大江大河生态环境的治理和建设重要的生态环境项目等,并且把中西部及农村因保护和治理环境而造成的财政减收作为安排中央财政转移支付资金的重要方面,以缓解当地因资金困境造成的职能缺位,实现环境收益在不同地区和人群间的公平分配及不同地区和人群间环境权利和义务的对等。

第三节 推进现代环境治理体系建设

我国的环境治理体系在党的十八大之前初步发展,党的十八大以来随着生态文明体制改革不断向纵深推进,现代环境治理体系日渐完善。党的二十大报告提出推进人与自然和谐共生的现代化,将其作为中国式现代化的一个重要特征,由此引发了关于环境治理体系现代化更加全面的思考和研究。人民群众对美好生活的需求和对优美生态环境的需求日渐旺盛,从需求侧来讲,当前我国推进现代环境治理体系的需求十分迫切。

一、现代环境治理体系的理论内涵

从理论内涵来看,健全现代环境治理体系是实现国家治理体系和治理能力现代化的内在要求。当前亟须构建党委领导、政府主导、企业主体、社会组织和公众共同参与的生态环境保护大格局。形成一整套一体谋划、一体部署、一体推进、一体考核的制度机制。但是,放在现代化的背景下来思考,就必须和当下我们发展的阶段性特征和如何推进中国式现代化联系起来。从美丽中国建设来讲,广大人民群众对于美好生活的向往和对于环境的诉求日益旺盛。从推进现代化进程来看,结合总书记在报告中讲到的五个重要特征,我们需要把人民对优美生态环境的诉求与人的生存、发展的需求都作为中国当代发展的迫切需要。因为美丽中国对应的目标是中华民族永续发展。通过永续发展的现代化来实现中华民族永续发展的目标,这是在理论方面的创新。

习近平生态文明思想体现了党对生态文明建设的全面领导。这一思想的确立使得实现美丽中国目标在方法上、路径上、观念上都有了根本遵循。

二、中国现代环境治理体系的构建

(一)构建环境治理领导责任体系

1.完善党政同责、一岗双责的责任体系。建立健全省、市、县三级生态环境保护委员会,制定实施党委和政府有关部门生态环境保护责任清单。省委、省政府对全省环境治理负总体责任,组织落实目标任务、政策措施,加大资金投入。市县党委和政府承担具体责任,统筹做好监管执法、市场规范、资金保障、宣传教育等工作。严格执行领导干部自然资源资产离任审计,实行领导干部生态环境损害责任终身追究制。

2.落实地方财政支出责任。按照财力与事权相匹配的原则,完善省、市、县三级财政承担环境治理支出责任措施,加大对城乡生活污水、垃圾处理等生态环境保护基础设施和环境监测、执法能力保障的资金支持。

3.实施目标评价考核。合理设定环境质量改善目标,统一纳入全省国民经济和社会发展规划、国土空间规划以及相关专项规划目标管理。精简整合相关专项考核,将环境质量改善、环境治理效能纳入高质量发展综合绩效评价考核体系。加强对各市(地)党委、人大(工委)、政府(行署)污染防治攻坚战成效考核。

4.深化生态环境保护督察。落实《中央生态环境保护督察工作规定》,健全省级生态环境保护督察机制。统筹推进生态环境保护督察和督察反馈问题整改,加强专项督察。完善排查、交办、核查、约谈、专项督察"五步法"工作模式,探索建立容错纠错机制。

(二)构建环境治理企业责任体系

1.依法实行排污许可管理制度。严格落实法律法规关于排污许可管理的相关规定,健全以排污许可制为基础的环境管理制度体系,排污单位必须持证排污、按证排污,自证守法。妥善处理排污许可与环评制度的关系。

2.推进生产服务绿色化。从源头防治污染,推广先进适用的清洁生产技术,鼓励工业产品绿色设计,依法依规淘汰落后生产工艺技术和产能,大力发展绿色制造业,创建绿色工厂、绿色园区。推行生产者责任延伸制度,探索采取押金制、政府补贴等方式,回收处置废旧汽车、废弃电子产品、铅酸蓄电池、锂电池、农药包装物等固体废物。

3.提高治污能力和水平。建立企业环境治理责任制度,督促企业严格执行法律法规,落实生态环境保护污染防治、风险防控主体责任,接受社会监督。重点排污企业要安装使用、正常运行污染源自动监测设备,并与生态环境部门联网。依法严惩治理效果和监测数据造假行为。

4.公开环境治理信息。排污企业应当通过网站、公众号等方式,依法公开企业主要污染物名称、排放方式、执行标准以及污染防治设施建设和运行情况,并对信息真实性负责。鼓励排污企业、生态环境保护基础设施运营单位、有关科研监测单位设立开放日和教育体验场所。

(三)构建环境治理社会参与体系

1.强化社会监督。健全举报反馈、听证、舆论监督等公众参与机制,聘请生态环境保护社会监督员,鼓励设立有奖举报基金,支持引导社会组织、环保志愿者在生态环境监管、行政许可、政策制定、监督企业履行生态环境保护责任等方面发挥积极作用。畅通"12369""12345"监督渠道,建立健全例行新闻发布制度。引导、支持具备资格的环保组织依法开展生态环境公益诉讼等活动。

2.发挥各类社会团体作用。工会、共青团、妇联等群团组织要积极动员广大职工、青年、妇女参与环境治理,带头践行绿色生活方式,在绿色出行、绿色消费、垃圾分类和绿色家庭、绿色社区创建等方面发挥引导作用。行业协会、商会要积极推动节能、降耗、治污、减排行业自律,推进产业发展绿色化转型。完善环保志愿者参与机制,鼓励支持环保志愿者因地制宜开展环保公益活动。

3.提高公民环保素养。把生态环境保护纳入国民教育、党政领导干部培训体系,推进生态环境保护宣传教育进学校、进家庭、进社区、进工厂、进机关、进农村。挖掘本土生态文化资源,创建一批生态环境保护教育基地,创作一批生态环境文艺作品。加大媒体环境公益广告投放力度,倡导简约适度、绿色低碳生活方式,引导公民自觉履行生态环境保护责任。

(四)构建环境治理监管体系

1.推进监管体制改革。深化生态环境保护综合行政执法改革,优化职责及编制配置,提高监测执法履职保障能力。建立健全基层生态环境保护管理体制,乡镇(街道)要明确承担生态环境保护责任的机构和人员,依法落实行政村生态环境保护责任。

2.健全监管执法机制。实施以排污许可证为核心的"一证式"执法监管模式,完善环境监管网格化责任体系。健全以"双随机、一公开"监管为基本手段,以重点监管为补充,以信用监管为基础的新型监管机制,推进"互联网+执法"。严格禁止环境监管"一刀切",除国家组织的重大活动外,不得因召开会议、论坛和举办大型活动等原因,对企业采取停产、限产措施。

3.完善大气污染防治区域联防联控机制。坚持"减煤、替煤、洁煤、控煤",开展"三重一改"攻坚行动,突出重点地区、重点时段、重点问题,推进散煤替代改造,抓好重点地区散煤污染治理。精准实施重度污染天气区域联合预警和应急响应。建立跨省流域突发水污染事件联防联控机制,加强信息通报和风险研判防范能力,坚持流域水质协作会商机制。加强区域、流域内各级政府和部门协调配合,实施联合监测、联合执法、应急联动、信息共享。

4.建立山水林田湖草一体化生态保护和修复制度。构建"多规合一"国土空间规划体系,统筹划定并严守生态保护红线、永久基本农田、城镇开发边界等空间管控边界,完善和落实主体功能区制度。全面推行林长制,严格落实河长制、湖长制。加强水土流失、土地沙化、地下水超采治理,持续推进退耕还林还草还湿。健全国家公园保护制度,推动自然保护地建设,实施生物多样性保护战略与行动计划。建立工作会商机制,协同推进实施山水林田湖草生态保护和修复工程。

5.构建共治共享机制。构建法治化管控、市场化投入、全民化行动的有效解决秸秆露天焚烧和综合利用的共治共享机制。健全市、县、乡村有效解决秸秆露天焚烧网格化监管体系,完善秸秆禁烧奖惩机制。持续推进肥料化为主,饲料化、能源化为辅,原料化、基料化为补充的秸秆综合利用。

6.加强司法保障。建立生态环境保护综合行政执法机关、公安机关、检察机关、审判机关信息共享、专业支持、案情通报、案件移送制度。公安机关要强化对破坏生态环境违法犯罪案件查处侦办。检察机关要对破坏生态环境违法犯罪行为加大起诉力度,推进提起生态环境公益诉讼工作。省法院和具备条件的中基层人民法院要调整设立专门的环境审判机构,统一涉生态环境案件的受案范围、审理程序等,全面推行人民陪审员参与案件审理,探索生态环境损害赔偿诉讼审理规则,建立"恢复性司法实践+社会化综合治理"审判结果执行机制。司法行政机关要依法规范生态环境损害司法鉴定执业行为,加强司法鉴定机构、司法鉴定人管理和监督,提高司法鉴定质量和公信力。

7.强化监测能力建设。加快完善天地一体、上下协同、信息共享的生态环境监测网络,建立政府主导、部门协同、企业履责、社会参与、公众监督的监测格局,实现水、大气、土壤、生态、辐射、噪声等环境要素监测全覆盖,实现环境质量、污染源和生态状况监测全覆盖,提高监测自动化、标准化、信息化水平,提高预测预警及应急响应能力。推进"互联网+监测",加快建设全省统一的监测信息平台,形成生态环境数据一本台账、一张网络、一个窗口,实现不同部门、不同层级监测数据信息互联共享。加强监测数据质量管理,加强社会监测机构监督检查,确保监测数据"真、准、全"。

(五)构建环境治理市场体系

1.构建规范开放的市场。推进生态环境领域"放管服"改革,在环境污染治理、生态修复、环保技术装备开发等方面,研究出台支持政策,吸引各类市场主体,引导各类资本,参与环境治理投资、建设、运行。加强环境治理市场监管,规范市场秩序,加强行业自律,减少恶性竞争,加快形成公开透明、规范有序的环境治理市场环境。

2.强化环保产业支撑。培育壮大节能环保产业,做大做强龙头企业。认定和培育一批环保产业专精特新中小企业和高新技术企业并给予政策扶持。鼓励企业参与绿色"一带一路"建设,加强与其他国家和地区在生态环境领域的交流合作,支持有条件的企业承揽境外节能环保工程和服务项目,带动先进环保技术、装备、产能走出去。

3.创新环境治理模式。培育生态环境技术服务市场,推行环境污染第三方治理,在工业园区探索引入"环保管家"进行环境污染专业化统筹治理,开展环境污染第三方治理试点和小城镇环境综合治理托管服务试点。鼓励采用"环境修复+开发建设"模式,加强工业污染地块利用和安全管控。

4.健全价格收费机制。严格落实"谁污染、谁付费"政策导向,按照补偿处理成本并合理盈利原则,构建污水、垃圾处理费价格形成机制。在已建成污水集中处理设施、已实行垃圾集中处理的农村地区,探索建立处理收费制度。健全促进节能环保的电价机制,落实差别化电价政策和部分环保行业用电支持政策。

(六)构建环境治理信用体系

1.加强政务诚信建设。建立健全生态环境治理政务失信记录,将各级政府和公职人员在环境保护工作中因违法违规、失信违约被司法判决、行政处罚、纪律处分、问责处理等信息纳入政务失信记录,并归集至相关信用信息共享平台,依托各级信用门户网站,依法依规逐步公开。

2.健全企业信用建设。完善企业环境信用评价制度,依据评价结果实施分级分类监管。对环保信用良好的企业,在绿色信贷等方面予以优先支持。建立排污企业黑名单制度,将环境违法企业依法依规纳入失信联合惩戒对象名单,将其失信信息记入信用记录,依法向社会公开,强化环保信用的约束力。落实上市公司和发债企业强制性环境治理信息披露制度。

(七)构建环境治理法规政策体系

1.完善地方法规标准。构建与国家环境治理法律法规标准体系相辅相成的地方法规标准制度体系;加强生态环境领域地方立法,及时修订与上位法不相适应的地方性法规规章;健全标准实施信息反馈和评估制度,适时对标准进行调整优化;引导企业强化绿色认证意识,鼓励开展各类涉及环境治理的绿色认证。

2.加强财税支持。建立常态化稳定的环境治理财政资金投入机制,加大激励力度,支持大气、水、土壤等环境污染综合治理和重大环境基础设施建设等项目;鼓励通过政府和社会资本合作(PPP)模式,调动社会资本参与环境治理建设的积极性;加强生态环境专项资金绩效评价与监督;完善流域生态保护补偿机制,出台全省流域生态补偿办法;严格执行环境保护税法,落实好促进环境保护和污染防治的税收优惠政策。

3.完善金融扶持。鼓励社会资本设立各类绿色发展产业基金,参与节能减排降碳、污染治理、生态修复等绿色项目;探索建立土壤污染防治基金;发展绿色保险,开展环境污染责任保险试点,在环境高风险领域研究推行环境污染强制责任保险制度;开展排污权交易,研究探索对排污权交易进行抵质押融资;鼓励发展重大环保装备融资租赁。

(八)强化组织领导

各级党委和政府要结合本地区发展实际,进一步细化落实构建现代环境治理体系的目标任务和政策措施。各部门要落实"管发展必须管环保、管行业必须管环保、管生产必须管环保"的要求,要加强统筹协调和政策支持,生态环境厅要牵头落实分解各项任务并推进相关具体工作,有关部门要各负其责、密

切配合,重大事项及时向省委、省政府报告,确保重点任务落地见效。

三、完善协同机制,推进环境治理体系现代化

今天我国环境治理体系中依然存在着制度不协同、统筹协调的主体不清晰的问题。在几个主体中强调党的领导地位,但是在具体执行中,并不能直接把党作为统筹的主体。需要将政府、企业、社会三个主体的责任真正落实。社会组织作为公众的宽泛主体,但在实践中未能充分发挥作用。例如,在"双碳"目标的实现上,党的二十大报告指出要协同推进降碳、减污、扩绿、增长。

党的二十大报告指出,要全面实行排污许可制。加快构建以排污许可制为核心的固定污染源执法监管体系,是推动落实企业主体责任非常有效的措施。按证排污能够起到一个持续削减的作用,形成一套名录、一套标准、一个平台和一套数据,实现固定源相关环境管理制度的协同增效。未来还有几项工作亟须深化:①推动相关制度与核心制度的全联动;②实现排污许可管理的全覆盖;③贯穿固定污染源监管的全周期,主要是强调发证是给固定的污染源发放的,同时建立环保的数据平台,信用评价体系和多部门的联防联控,形成一个有效的体系,加强科学精准的管理。

面向美丽中国的现代环境治理体系需要加强党的领导,在此基础上还需要多方协同共治。以政府治理推动社会和企业自治,各主体能够各尽其力、各担其责,既包括畅通参与渠道,也包括环境保护中的公众参与。社会组织是在党的领导下发挥作用,这与西方环保组织有很大不同。但中国和西方的社会组织存在共性,这个共性就是其作用的发挥都要有畅通的参与渠道。

第七章 环境治理方法与修复

第一节 大气环境治理与修复

一、气态污染物的吸收净化技术与设备

(一)气态污染物的吸收净化工艺

1.烟气的预冷却。生产过程产生的高温烟气需要预先冷却到适当温度,常用的冷却方法有:①直接增湿冷却,即用水直接喷入烟气管道中增湿降温,方法虽简单,但要考虑水冲管壁和形成酸雾腐蚀设备,以及可能造成沉积物阻塞管道和设备等问题;②在低温热交换器中间接冷却,此法回收余热不多,而所需热交换器太大,若有酸性气体易冷凝成酸性液体而腐蚀设备;③用预洗涤塔(或预洗涤段)冷却,同时实现降温与除尘,是目前广为采用的方法。

2.烟气的除尘。某些废气除含有气态污染物外,还常含有一定的烟尘,所以在吸收之前应设置专门的高效除尘设备,如用预洗涤塔同时降温除尘。

3.设备和管道的结垢与堵塞。结垢和堵塞是影响吸收装置正常运行的主要原因。首先要清楚结垢的机理、影响结垢和造成堵塞的原因,然后有针对性地从工艺设计、设备结构、操作控制等方面来解决。虽然各种净化方法造成的结垢机理不同,但防止结垢的方法和措施却大体相同,如控制溶液或料浆中水分的蒸发量,控制溶液的pH值,控制溶液中易于结晶物质不要过于饱和,严格控制进入吸收系统的尘量,改进设备结构设计,选择不易结垢和堵塞的吸收器等。

4.除雾。任何湿式洗涤系统都有产生"雾"的问题。雾除了含有水分,还含有溶解气态污染物的盐溶液。雾中液滴的直径多在10 mm ~ 60 mm,所以在

工艺上要对吸收设备提出除雾的要求。

5.气体的再加热。用湿法处理烟气时,经吸收净化后排出的气体,由于温度低,热力抬升作用减少,扩散能力降低。为降低污染,应尽量升高吸收后尾气的排放温度以提高废气的热力抬升高度,有利于减少废气对环境的污染。如有废热可利用时,可将其用来加热原烟气,使之温度升高后再排空。

6.塔内降温。为了解决反应过程中产生的热量以降低吸收温度,通常在吸收塔内安置冷却管。

7.富液的处理。吸收操作不仅达到净化废气的目的,而且还应合理地处理吸收废液。若将吸收废液直接排放,不仅浪费资源,而且更重要的是其中的污染物转入水体中易造成二次污染,达不到保护环境的目的。所以,在采用吸收法净化气态污染物的流程中,需要同时考虑气态污染物的吸收及富液的处理问题。如用碳酸钠溶液吸收废气中的SO_2,就需要考虑用加热或减压再生的方法脱除吸收后的SO_2,使吸收剂恢复吸收能力,可循环使用,同时收集排出的SO_2,既能消除SO_2污染,净化了空气,同时又可以达到废物资源化(SO_2可用于制备硫酸等)的目的。

(二)气态污染物的吸收净化设备

1.吸收净化设备的类型。在气态污染物净化中,因气体量大而浓度低,所以常选用以气相为连续相、湍流程度高、相界面大的吸收设备。

工业气态污染物吸收设备结构形式有多种,常用的有填料吸收塔、板式吸收塔、各种喷雾塔,另外还有喷淋吸收塔和文丘里吸收器。填料塔内充填了许多薄壁环形填料,从塔顶淋下的溶剂在下流过程中沿填料的各处表面均匀分布,并与自下而上的气流很好地接触,此种设备由于气、液两相不是逐次而是连续接触,因此这类设备称为连续(微分接触)式设备。板式塔内各层塔板之间有溢流管,吸收液从上层向下层流动,板上设有若干通气孔,气体由此自下层向上层流动,在塔板内分散成小气泡,两相接触面积增大,湍流程度增强,气、液两相逐级接触,两相组成沿塔高呈阶梯式变化,因此这类设备称为逐级接触(级式接触)设备。

2.吸收净化机械设备的结构。

(1)填料吸收塔:以填料作为气液接触的基本构件,塔体为直立圆筒,筒内支撑板上堆放一定高度的填料。气体从塔底送入,经填料间的空隙上升。吸收剂自塔顶经喷淋装置均匀喷洒,沿填料表面下流。填料的润湿表面就成为气液连续接触的传质表面,净化气体最后从塔顶排出。填料塔具有结构简单、操作稳定、适用范围广、便于用耐腐蚀材料制造、压力损失小、适用于小直径塔等优点。塔径在800mm以下时,较板式塔造价低、安装维修容易,但用于大直径塔时,则存在效率低、质量大、造价高及清理检修麻烦等缺点。随着新型高效、高负荷填料的研发,填料塔的适用范围在不断扩大。

(2)湍球吸收塔:是高效吸收设备,属于填料塔中的特殊塔型。它是以一定数量的轻质小球作为气液两相接触的媒体。塔内装有开孔率较高的筛板,一定数量的轻质小球置于筛板上。吸收液从塔上部的喷头均匀地喷洒在小球表面,而需要处理的气体由塔下部的进气口经导流叶片和筛板穿过湿润的球层。当气流速度达到足够大时,小球在塔内湍动旋转,相互碰撞。气、液、固三相接触,由于小球表面的液膜不断更新,使得废气与新的吸收液接触,增大了吸收推动力,提高了吸收效率。净化后的气体经过除雾器脱去湿气,从塔顶部的排出管排出塔体。

湍球塔的优点是气流速度高、处理能力大、设备体积小、吸收效率高,能同时对含尘气体进行除尘;由于填料剧烈的湍动,一般不易被固体颗粒堵塞。其缺点是随着小球运动,有一定程度的返混;段数多时阻力较高;塑料小球不能承受高温,且磨损大,使用寿命短,需经常更换。湍球塔常用于处理含颗粒物的气体或液体以及可能发生结晶的过程。

(3)板式吸收塔:通常是由一个呈圆柱形的壳体和沿塔高按一定间距水平设置的若干层塔板所组成。操作时,吸收剂从塔顶进入,依靠重力作用由顶部逐板流向塔底排出,并在各层塔板的板面上形成流动的液层;气体由塔底进入,在压力差的推动下,由塔底向上经过均布在塔板上的开孔,以气泡形式分散在液层中,形成气液接触界面很大的泡沫层。气相中部分有害气体被吸收,未被吸收的气体经过泡沫层后进入上一层塔板,气体逐板上升与板上的液体接触,被净化的气体最后从塔顶排出。

板式吸收塔的类型很多,主要按塔内所设置的塔板结构不同分为有降液管和无降液管两大类。在有降液管的塔板上,有专供液体流通的降液管,每层板上的液层高度可以由溢流挡板的高度调节,在塔板上气液两相呈错流方式接触,常用的板型有泡罩塔、浮阀塔和筛板塔等;在无降液管的塔板上,没有降液管,气液两相同时逆向通过塔板上的小孔呈逆流方式接触,常用的板型有筛孔和栅条等形式。除此以外,还有其他类型的塔盘,如导向筛板塔、网孔塔、旋流板塔等。与填料塔相比,板式塔的空塔速度高,因而生产能力大,但压降较高。直径较大的板式塔,检修清理较容易,造价较低。在大气污染治理中用得比较多的板式塔主要是筛板塔和旋流板塔。

(4)喷淋(雾)吸收塔:结构简单、压降低、不易堵塞、气体处理能力大、投资费用低。其缺点是效率较低、占地面积大,气速大时,雾沫夹带较板式塔重。在喷淋塔内,液体呈分散相,气体为连续相,一般气液比较小,适用于极快或快速化学反应吸收过程。为保证净化效率,应注意使气、液分布均匀,充分接触。喷淋塔通常采用多层喷淋,旋流喷淋塔可增加相同大小的塔的传质单元数,卧式喷淋塔的传质单元数较少。喷淋塔的关键部件是喷嘴。

目前,国内外大型锅炉烟气脱硫大部分采用直径很大(＞10 m)的喷淋塔,由于新的通道很大的大型喷头的使用,尽管钙法脱硫液中悬浮物的体积分数高达20%～25%以上,也不会堵塞。一般采用很大的液气比以弥补喷淋塔传质效果差的不足。

机械喷洒吸收器是利用机械部件回转产生的离心力,使液体向四周喷洒而与气体接触。其特点是效率高、压降低,适合于用少量液体吸收大量的气体;缺点是结构复杂,需要较高的旋转速度,因此消耗能量较多,同时它还不适用于处理强腐蚀性的气体和液体。带有浸入式转动锥体的吸收器,通过附有圆锥形喷洒装置的直轴转动,从而将液体喷散,达到气液两相接触进行传质。气体是沿盘形槽间曲折孔道通过机械喷洒吸收器。当液体自上而下通过各层盘形槽流动时,附着于轴上的喷洒装置将液体截留,使其沿机械喷洒吸收器的横截面方向喷洒。这样,不仅使液体通过机械喷洒吸收器的时间延长,更重要的是,能使气液两相密切接触。

(5)连续鼓泡层吸收塔:在鼓泡吸收塔的圆柱形塔内存有一定量的液体,气体从下部多孔花板下方通入,穿过花板时被分散成很细的气泡,在花板上形成一鼓泡层,使气液间有很大的接触面。由于该塔型可以保证足够的液相和足够的气相停留时间,故它适于进行中速或慢速反应的化学吸收。鼓泡塔中易发生纵向环流,导致液体在塔内上下翻滚搅动、纵向返混,效率降低,可采用塔内分段或设置内部构件、加入填料等措施减少返混的影响。

鼓泡塔中液体可以流动,也可以不流动;液体与气体可以逆流,也可以并流。鼓泡塔的空塔速度通常较小(一般为30 m/h～1000 m/h),不适宜处理大流量气体。压力损失主要取决于液层高度,通常较大。国内有用鼓泡塔进行废气治理(如软锰矿浆处理含SO_2烟气)的报道,治理效果很好。

(6)文丘里吸收塔:文丘里吸收塔有多种形式。气体引流式文丘里吸收器,依靠气体带动吸收液进入喉管,与气体接触进行吸收。液体引射式文丘里吸收器是靠吸收液引射气体进入喉管的吸收器,这样可以省去风机,但液体循环能量消耗大,仅适用于气量较小的场合,气量大时,需要几台文丘里吸收器并联使用。

在文丘里吸收器中,由于联管内气速低,一般为20 m/s～30 m/s,液气比要较文丘里除尘器的高得多,通常为5.5 L/m³～11 L/m³。文丘里吸收器是一种并流式吸收器,随着气体分子不断被吸收,逐渐接近平衡浓度,直到没有更多的吸收发生为止。

二、气态污染物的吸附净化技术与设备

(一)气态污染物的吸附净化工艺

吸附净化工艺过程常采用两个吸附器,一个吸附时另一个脱附再生,以保证工艺过程的连续性。经吸附器吸附后的气体,直接排出系统。吸附剂再生时采用水蒸气作为脱附气体,水蒸气将吸附在表面的VOCs(volatile organic compounds)脱附并带出吸附器,再通过冷凝将VOCs提纯回收。脱附气体也可以进行催化燃烧处理,这就是吸附浓缩-催化燃烧工艺,此时脱附气体应为热空气。吸附净化工艺按吸附剂在吸附器中的工作状态可分为固定床、移动床及沸腾(流化)床吸附过程。按操作过程的连续与否,可分为间歇吸附过程和连续吸附过程。

1.固定床吸附工艺流程。在废气治理中最常用的是将两个以上固定床,组成一个半连续式吸附工艺流程。废气连续通过床层,当一个达到饱和时,就切换到另一个吸附器进行吸附,而吸附达到饱和的吸附床则进行再生和干燥、冷却,以备重新使用。

2.移动床吸附工艺流程。控制吸附剂在床层中的移动速度,使净化后的气体达到排放标准。吸附气态污染物后的吸附剂,送入脱附器中进行脱附,脱

附后的吸附剂再返回吸附器循环使用。该流程的特点是吸附剂连续吸附和再生,向下移动的吸附剂与待净化气体逆流(或错流)接触进行吸附。

3.流化床吸附工艺流程。吸附剂在多层流化床吸附器中,借助于被净化气体的较大的气流速度,使其悬浮呈流态化状态。

(二)气态污染物的吸附净化设备

1.吸附净化设备的类型。吸附净化设备,按吸附操作的连续与否可分为间歇吸附、半连续吸附和连续吸附;按照吸附剂在吸附器中的工作状态,吸附设备可分为固定床吸附器、移动床吸附器、流化床吸附器和旋转床吸附器等类型。按吸附床再生的方法又可分为升温解吸循环再生(变温吸附)、减压循环再生(变压吸附)和溶剂置换再生等。

2.几种吸附净化设备的结构。

(1)固定床吸附器:是一种最古老的吸附装置,但目前仍然应用最广。固定床吸附器内的吸附剂颗粒均匀地堆放在多孔支撑板上,成为固定吸附剂床层,仅是气体流经吸附床,根据气流流动方向的不同,固定床可分为立式、卧式和环式三种。其中一段式固定床层厚为 1 m 左右,适用于浓度较高的废气净化;其他形式固定床层厚约为 0.5 m,适用于浓度较低的废气净化。由于固定床吸附器的结构简单、工艺成熟、性能可靠,特别适用于小型、分散、间歇性的污染源治理。

(2)移动床吸附器:吸附器内固体吸附剂在吸附床上不断的移动,一般固体吸附剂是由上向下移动,而气体或液体则由下向上流动,形成逆流操作。吸附剂在下降过程中,经历了冷却、降温、吸附、增浓、汽提、再生等阶段,在同一装置内交错完成了吸附、脱附过程。如果被净化气体或液体是连续而稳定的,固体和流体都以恒定的速度流过吸附器,其任一断面的组分都不随时间而变化,即操作达到了连续与稳定的状态。适用于稳定、连续、量大的废气净化。其缺点是动力和热量消耗较大,吸附剂磨损严重。

(3)流化床吸附器:废气以较高的速度通过床层,使吸附剂呈悬浮状。流化床吸附器的吸附段和脱附段设在一个塔内,塔上部为吸附工作段,下部为脱附工作段。气体混合物从塔的中间进入吸附段,与多孔板上较薄的吸附剂层逆流接触,吸附剂颗粒通过溢流管从上一块板位移到下一块板。经再生的吸附剂由空气提升到吸附段顶部循环使用,这种流化床的缺点是由床层流态化造成的吸附剂磨损较大,动力和热量消耗较大,吸附剂强度要求高。与固定床相比,流化床所用的吸附剂粒度较小,气流速度要大3~4倍,气、固接触相当充分,吸附速度快,流化床吸附器适用于连续、稳定的大气量污染源治理。

(4)旋转床吸附器:由能旋转的吸附转筒、外壳、过滤器、冷却器、分离器、通风机等部分组成,可用来净化含有机溶剂的废气。此设备在圆鼓上按径向以放射性分成若干个吸附室,各室均装满吸附剂,待净化的废气从圆鼓外环室进入各吸附室,净化后不含溶剂的空气从鼓心引出。再生时,吹扫蒸气自鼓心引入吸附室,将吸附的溶剂吹扫出去,经收集、冷凝、油水分离后,有机溶剂可回收利用。蒸气吹扫之后,吸附剂没有冷却,因而温度可能较高,吸附程度可能受到一定的影响,这是一个缺点。但是,旋转床解决了移动床吸附剂移动时的磨损问题。为了保证废气净化达到要求的程度,吸附操作在吸附剂未饱和前,就应进入再生。这种吸附器的优点是能实现连续操作,处理气量大,易于实现自动控制,且气流压力损失小,设备紧凑;其缺点是动力耗损大,并需要一套减速传动机构,转筒与接管的密封比较复杂。

三、气态污染物的生物净化技术与设备

(一)气态污染物的生物净化工艺

1.洗涤工艺。生物洗涤工艺一般由吸收器和废水生物处理装置组成。气态污染物从吸收器底部通入,与水逆流接触,污染物被水或生物悬浮液吸收后由顶部排出,污染了的水从吸收器底部流出,进入生物反应器经微生物再生后循环使用。

(1)活性污泥法:利用污水处理厂剩余的活性污泥配制混合液,作为吸收剂处理废气。活性污泥混合液对废气的净化效率与活性污泥的浓度、pH值、溶解氧、曝气强度等因素有关,还受营养盐的投入量、投加时间和投加方式的影响。在活性污泥中添加5%(质量分数)粉状活性炭,能提高分解能力,并起消泡作用。吸收设备可用喷淋塔、板式塔或鼓泡反应器等。该方法对脱除复合型臭气效果很好,脱除效率可达99%,而且能脱除很难治理的焦臭。

(2)微生物悬浮法:用由微生物、营养物和水组成吸收剂处理废气,该方法的原理、设备和操作条件与活性污泥法基本相同,由于吸收液接近清液,设备堵塞可能性更小,适合于吸收可溶性气态污染物。

2.过滤工艺。废气首先经过预处理,然后经过气体分布器进入生物过滤器,废气中的污染物从气相主体扩散到介质外层的水膜而被介质吸收,同时氧气也由气相进入水膜,最终介质表面所附的微生物消耗氧气而把污染物分解或转化为二氧化碳、水和无机盐类。微生物所需的营养物质则由介质自身供给或外加。生物滤池由滤料床层(生物活性充填物)、砂砾层和多孔布气管等组成。多孔布气管安装在砂砾层中,在池底有排水管排出多余的积水。

按照所用的固体滤料的不同,生物滤池分为以下几类:

(1)土壤过滤池:是利用土壤中胶体粒子的吸附作用,将废气中的气态污染物转移到土壤中;土壤中的微生物,再将污染物转化成无害物。所用土壤以地表沃土尤其是火山性腐殖土为好,土壤具有较好的通气性和适度的通水、持水与一定的缓冲能力,为微生物的生命活动提供了良好的生长环境。在地表面300 mm ~ 500 mm土层内集中存在着细菌、放线菌、霉菌、原生动物、藻类和其他微生物,每克沃土中可达数亿个,其中藻类能助长细菌繁殖,细菌是原生动物的饲料,它们相互依存,平衡生长,构成了一个较稳定的群落生物系统,具有较强的分解污染物的能力。因而能有效地去除烷烃类化合物,如丙烷、异丁烷以及酯、乙醇等。土壤滤层一般的混合比例(质量分数)为:黏土1.2%、有机质沃土15.3%、细砂土约53.9%、粗砂29.6%。滤层厚度0.5 m ~ 1 m,废气流速6 m³/(m·h) ~ 100 m³/(m·h)。

土壤中加入某种改性剂可提高污染物的去除效率,如土壤中加入3%鸡粪和2%珍珠岩后,透气性能不变,但对甲硫醇去除效率提高34%,对于二甲基硫提高80%,对二甲基二硫提高70%。土壤使用一年后一般有呈酸性趋势,可加入石灰进行调节。

(2)堆肥滤池:在地面挖浅坑或筑池,池底设排水管。在池的一侧或中央设输气总管,总管上再接出多孔配气支管,并覆盖砂石等材料,形成厚50 mm ~ 100 mm的气体分配层,再摊放厚500 mm ~ 600 mm堆肥过滤层。过滤气速通常在0.01m/s ~ 0.10 m/s。

堆肥过滤是采用污水处理厂的污泥、城市垃圾和畜粪等有机废弃物为主要原料,经好氧发酵,再经加热处理,作为过滤层滤料。它的装置与土壤法类似,在一个混凝土池子里,下层置砂砾层,砂砾层中装有气体分布管,砂砾层上是堆肥装置。池底有排水管可排出多余的积水。堆肥层上面可以种植花草进行绿化,并经常浇水保持50%~70%的湿度,以防止堆肥表面干裂,有机废气走短路,未经充分降解逸出。堆肥生物滤池由于微生物量比土壤中多,故效果及负荷均比土壤法好,气体停留时间一般只需30 s,而土壤法则需60 s。

(3)生物过滤箱:为封闭式装置,主要由箱体、生物活性床层、喷水器等组成。床层由多种有机物混合制成的颗粒状载体构成,有较强的生物活性和耐用性。微生物一部分附着于载体表面,一部分悬浮于床层水体中。废气通过床层,污染物部分被载体吸附,部分被水吸收,然后由微生物对污染物进行降解。床层厚度按需要确定,一般在0.5 m~1.0 m。床层对易降解碳氢化合物的降解能力约为200 g/(m²·h),过滤负荷高于600 m³/(m²·h)。气体通过床层的压降较小,使用1年后,在负荷为110 m³/(m²·h)时,床层压降约为200 Pa。微生物过滤箱的净化过程可按需要控制,因此能选择适当的条件,充分发挥微生物的作用。

(二)气态污染物生物净化反应器

在气态污染物生物处理过程中,根据系统中微生物的存在形式,可将生物处理工艺分成悬浮生长系统和附着生长系统。悬浮生长系统的微生物及其营养物存在于液体中,气相中的有机物通过与悬浮液接触后转移到液相,从而被微生物降解,其典型的形式有鼓泡塔、喷淋塔及穿孔板塔等生物洗涤器。而附着生长系统中微生物附着生长于固体介质表面,气态污染物通过由滤料介质构成的固定床层时,被吸附、吸收,最终被微生物降解。典型的形式有土壤、堆肥、填料等材料构成的生物过滤塔。生物滴滤塔则同时具有悬浮生长系统和附着生长系统的特性。

按照生物净化反应器中的液相是否流动以及微生物群落是否固定,反应器可分为以下三类:

1.生物洗涤器(也称生物吸收塔)。利用由微生物、营养物和水组成的微生物吸收液处理废气,适合于吸收可溶性气态污染物。吸收了废气的含微生物混合液再进行好氧处理,去除液体中吸收的污染物,经处理后的吸收液再循环使用。因此,该工艺通常由吸收或吸附与生物降解两部分组成。当气相的传质速度大于生化反应速度时,可视为一个慢化学反应吸收过程,一般可采用这一工艺。其典型的形式有喷淋塔、鼓泡塔及穿孔板塔等生物洗涤器。

2.生物过滤器(也称生物滤池)。含有机污染物的废气经过过滤器中的增湿器,具有一定的湿度后,进入生物过滤器,通过约0.5 m～1 m厚的生物活性填料,有机污染物从气相转移到生物层,进而被氧化分解。

在目前的生物净化有机废气领域,该法应用最多,其净化效率一般在95%以上。生物活性填料是由具有吸附性的滤料(土壤、堆肥、活性炭等),附着能降解、转化有机物的微生物构成的。滤料不同,脱除效果及适宜的工艺参数也有所不同,可分为土壤过滤及堆肥过滤两种。

3.生物滴滤器(生物滴滤池)。由生物滴滤池和贮水槽构成。生物滴滤池内充以粗碎石、塑料、陶瓷等一类不具吸附性的填料,填料表面是微生物体系形成的几毫米厚的生物膜。填料比表面积为100 m²/m³～300 m²/m³,这样的结构使得气体通道较大,压降较小,不易堵塞。

与生物滤池相比,生物滴滤池的工艺条件可以很容易地通过调节循环液的pH值、温度来控制,因此,滴滤池很适宜于处理含卤代烃、硫、氮等有机废气的净化,因为这些污染物经氧化分解后有酸产生。同时,由于生物滴滤池的单位体积填料层内微生物浓度较高,处理废气的能力是相应的生物滤池的2～3倍。

四、粉尘污染物治理技术与设备

(一)机械式除尘技术与设备

1.重力沉降。

(1)粉尘沉降原理:重力沉降室是通过尘粒自身的重力作用使其从气流中分离的简单除尘装置。含尘气流在风机的作用下进入沉降室后,由于突然扩大了过流面积,使得含尘气体在沉降室内的流速迅速下降。开始时尽管尘粒和气流具有相同的速度,但气流中较大的尘粒在重力作用下,获得较大的沉降速度,经过一段时间之后,尘粒降至室底,从气流中分离出来,从而达到除尘的目的。

(2)重力沉降室结构:通常可分为水平气流沉降室和垂直气流沉降室两种。常见的垂直气流沉降室有屋顶式沉降室、扩大烟管式沉降室和带有锥形导流器的扩大烟管式沉降室等三种结构形式。

水平气流沉降室在运行时,都要在室内加设各种挡尘板,以提高除尘效率。根据实验测试,以采用人字形挡板和平行隔板结构形式的除尘效率较高,这是因为人字形挡板能使刚进入沉降室的气体很快扩散并均匀地充满整个沉降室,而平行隔板可减少沉降室的高度,使粉尘降落的时间减少,致使相同沉降室的除尘效率一般比空沉降室提高15%左右。沉降室也可用喷嘴喷水来提高除尘效率,例如,以电场锅炉烟气为试样,在进口气速为0.538 m/s时,其除尘效率为77.6%,增设喷水装置后,除尘效率可达88.3%。

2.惯性除尘。

(1)惯性沉降原理:主要除尘机理是惯性沉降。通常认为,气流中的颗粒随着气流一起运动,很少或不产生滑动。但是,若有一静止的或缓慢运动的如液滴或纤维等障碍物处于气流中时,则成为一个靶子,使气体产生绕流,使某些颗粒沉降到上面。颗粒能否沉降到靶上,取决于颗粒的质量及相对于靶的运动速度和位置。

(2)惯性除尘器结构:①碰撞式惯性除尘器。碰撞式惯性除尘器又称冲击式惯性除尘器,是在含尘气流前方加挡板或其他形状的障碍物。碰撞式惯性除尘器可以是单级型,也可以是多级型,但碰撞级数不宜太多,一般不超过3～4级,否则阻力增加很多,而效率提高不显著。还可以为迷宫型,可有效防止已捕集粉尘被气流冲刷而再次飞扬。这种除尘器安装的喷嘴可增加气体的撞击次数,从而提高除尘效率;②折转式惯性除尘器。弯管型和百叶窗型折转式惯性除尘器与冲击式惯性除尘器一样,常用于烟道除尘。百叶窗型折转式惯性除尘器常用作浓聚器,常与另一种除尘器串联使用,它是由许多直径逐渐变小的圆锥体组成,形成一个下大上小的百叶式圆锥体,每个环间隙一般不大于6 mm,以提高气流折转的分离能力。一般情况,90%的含尘气流通过百叶之间的缝隙,通常急折转150°,粉尘撞击到百叶的斜面上,并返回到中心气流中。粉尘在剩余10%的气流中得到浓缩,并被引到下一级高效除尘器。

惯性除尘器宜用于净化密度和粒径较大的金属或矿物粉尘,对于黏性和纤维性粉尘,因易堵塞,不宜采用。由于气流方向改变的次数有限,净化效率不高,也多用于多级除尘的第一级,捕集10 μm～20 μm以上的粗尘粒,除尘效率约为70%,其压力损失依形式而异,一般为100 Pa～1000 Pa。

(二)湿式除尘技术与设备

1.除尘机理。湿式除尘器内含尘气体与水或其他液体相碰撞时,尘粒发生凝聚,进而被液体介质捕获,达到除尘目的。气体与水接触有以下过程:尘粒与预先分散的水膜或雾状液相接触;含尘气体冲击水层产生鼓泡形成细小水滴或水膜;较大的粒子在与水滴碰撞时被捕集,捕集效率取决于粒子的惯性及扩散程度。

因为水滴与气流间有相对运动,气体与水滴接近时,气体改变流动方向绕过水滴,而尘粒受惯性力和扩散的作用,保持原轨迹运动与水滴相撞。这样,在一定范围内尘粒都有可能与水滴相撞,然后由于水的作用凝聚成大颗粒,被水流带走。通常情况下,水滴小且多,比表面积加大,接触尘粒机会就多,产生碰撞、扩散、凝聚效率也高;尘粒的容重、粒径以及与水滴的相对速度越大,碰撞、凝聚效率就越高;但液体的黏度、表面张力越大,水滴直径大,分散得不均匀,碰撞凝聚效率就越低;亲水粒子比疏水粒子容易捕集,这是因为亲水粒子很容易通过水膜的缘故。

2.湿式除尘器结构。湿式除尘器的主要结构由烟气进口、分流板净化室、沉淀池、撞击脱水板、防雾格栅、烟气出口、溶液箱、除灰机等部分组成。湿式除尘器的种类很多,不同类型有不同的结构。

(1)重力喷雾塔洗涤器:是湿式除尘器中构造最简单的一种,也称喷雾塔。在塔内,含尘气体通过喷淋液体所形成的液滴空间时,由于尘位和液滴之间的碰撞、拦截和凝聚等作用,使较大较重的尘粒靠重力作用沉降下来,与洗涤液一起从塔底排走。为了防止气体出口夹带液滴,常在塔顶安装除雾器,经除雾后净化的气体从上部排入大气,从而实现除尘的目的。

重力喷雾塔洗涤器按其内截面形状,可分为圆形和方形两种。根据除尘器中含尘气体与捕集粉尘粒子的洗涤液运动方向的不同可分为交叉流、向流和逆流三种不同类型的喷淋洗涤除尘器。在实际应用中多用气液逆流型洗涤器,很少用交叉流型洗涤器。向流型喷淋洗涤器主要用于使气体降温和加湿等过程。重力喷雾塔洗涤器的压力损失较小,一般在250 Pa以下,操作方便、运行稳定,但净化效率低(对于小于10 μm尘粒捕集效率较低),耗水量大,设备庞大,占地面积较大,与高效除尘器联用,起预净化和降压、加湿等烟气调质作用,也可处理含有害气体的烟气。

(2)湿式离心除尘器:一类是借助离心力加强液滴与粉尘粒子的碰撞作用,达到高效捕尘的目的,如中心喷水切向进气的旋风洗涤器、用导向机构使气流旋转的除尘器、周边喷水旋风除尘器等;另一类是使粉尘粒子借助于气流做旋转运动所产生的离心力冲击于被水湿润的壁面上,从而被捕获的离心除尘器。如立式旋风水膜除尘器和卧式旋风水膜除尘器。

(3)泡沫式除尘器:依靠含尘气体流经筛板产生的泡沫捕集粉尘的除尘器,又称泡沫洗涤器,简称泡沫塔。泡沫式除尘器通常制造成塔的形式,根据允许压力降和除尘效率,在塔内设置单层或多层塔板。塔板通常为筛板,通过顶部喷淋(无溢流)或侧部供水(有溢流)的方式,保持塔板上具有一定高度的液面。含尘气流由塔下部导入,均匀通过筛板上的小孔而分散于液相中,同时产生大量的泡沫,增加了两相接触的表面积,使尘粒被液体捕集,被捕集下来的尘粒,随水流从除尘器下部排出。

这类除尘器一般分为两类:①有溢流泡沫除尘器。利用供水管向筛板供水,通过溢流堰维持塔板上的液面高度,液体横穿塔板经溢流堰和溢流管排出。筛孔直径为 4 mm ~ 8 mm,开孔率为 20% ~ 25%,气流的空塔速度为 1.5 m/s ~ 3.0 m/s,耗水量为 0.2 L/m³ ~ 0.3 L/m³;②无溢流泡沫除尘器。采用顶部喷淋供水,筛板上无溢流堰,筛孔直径为 5 mm ~ 10 mm,开孔率为 20% ~ 30%,气流的空塔速度为 1.5 m/s ~ 3.0 m/s,含尘污水由筛孔漏至塔下部污泥排出口。泡沫式除尘器的除尘效率取决于泡沫层的厚度,泡沫层越厚,除尘效率越高,阻力损失就越大。

(4)文丘里洗涤器:湿式除尘器要想得到较高除尘效率,必须实现较高的气液相对运动速度和非常细小的液滴,文丘里洗涤器就是基于这个原理发展起来的。文丘里洗涤器是一种高效湿式洗涤器,常用于除尘和高温烟气降温,也可用于吸收液态污染物。对 0.5 μm ~ 5 μm 的尘粒,除尘效率可达99%以上,但阻力较大,运行费用较高。

第二节 水环境治理与修复

一、水污染治理技术

(一)工业废水处理

1.农药废水。主要来源于农药生产工程。其成分复杂,化学需氧量(COD)可达每升数万毫克。农药废水处理的目的是降低农药生产废水中污染物浓度,提高回收利用率,力求达到无害化。主要农药废水处理方法有活性炭吸附法、湿式氧化法、溶剂萃取法、蒸馏法和活性污泥法等。

2.电泳漆废水。金属制品的表面涂覆电泳漆,在汽车车身、农机具、电器、铝带等方面得到广泛的应用。用超滤和反渗透组合系统处理电泳漆废水,当废水通过超滤处理,几乎全部树脂涂料都可以被截住。透过超滤膜的水中含有盐类和溶剂,但很少含有树脂涂料。用反渗透处理超滤膜的透过水,透过反渗透膜的水中,总溶解固形物的去除率可以达到97%~98%。这样,透过水中总溶解固形物的浓度可以降低到13 mg/L~33 mg/L,符合终段清洗水的水质要求,就可用作最后一段的清洗水了。

3.重金属废水。主要来自电解、电镀、矿山、农药、医药、冶炼、油漆、颜料等生产过程。对重金属废水的处理,通常可分为两类:一是使废水中呈溶解状态的重金属转变成不溶的金属化合物或元素,经沉淀和上浮从废水中去除。可应用方法有中和沉淀法、硫化物沉淀法、上浮分离法、电解沉淀(或上浮)法、隔膜电解法等;二是将废水中的重金属在不改变其化学形态的条件下进行浓缩和分离。可应用方法有反渗透法、电渗析法、蒸发法和离子交换法等。可以根据具体情况单独或组合使用这些方法。

4.电镀废水。毒性大,量小但面广。为了实现闭路循环,操作时必须注意保持水量的平衡。

(1)镀镍废水:镀镍漂洗水的pH值近中性,所以可用醋酸纤维素反渗透膜。

(2)镀铬废水:pH值低(偏酸性),且呈强氧化性,用醋酸纤维素膜是不可取的,关键要解决膜的耐酸和抗氧化问题。

(3)镀锌、镀镉废水:氰化镀锌、镀镉等漂洗废水中存在 CN⁻,从而使反渗透膜对金属离子的分离能力受到严重影响。

5.含稀土废水处理。主要来源于稀土选矿、湿法冶炼过程。根据稀土矿物的组成和生产中使用的化学试剂的不同,废水的组成成分也有差异。目前常用的方法有蒸发浓缩法、离子交换法和化学沉淀法等。

(1)蒸发浓缩法:废水直接蒸发浓缩回收铵盐,工艺简单,废水可以回用实现"零排放",对各类氨氮废水均适用,缺点是能耗太高。

(2)离子交换法:离子交换树脂法仅适用于溶液中杂质离子浓度比较小的情况。一般认为常量竞争离子的浓度小于 $1.0 kg/L \sim 1.5 kg/L$ 的放射性废水适于使用离子交换树脂法处理,而且在进行离子交换处理时往往需要首先除去常量竞争离子。无机离子交换剂处理中低水平的放射性废水也是应用较为广泛的一种方法。比如,各类黏土矿(如蒙脱土、高岭土、膨润土、蛭石等)、凝灰石、锰矿石等。黏土矿的组成及其特殊的结构使其可以吸附水中的 H^+,形成可进行阳离子交换的物质。有些黏土矿如高岭土、蛭石,颗粒微小,在水中呈胶体状态,通常以吸附的方式处理放射性废水。黏土矿处理放射性废水往往附加凝絮沉淀处理,以使放射性黏土容易沉降,获得良好的分离效果。对含低放射性的废水(含少量天然镭、钍和铀),有些稀土厂用软锰矿吸附处理(pH=7~8),也获得了良好的处理效果。

(3)化学沉淀法:在核能和稀土工厂去除废水中放射性元素一般用化学沉淀法。

1)中和沉淀除铀和钍:向废水中加入烧碱溶液,调 pH 值在 7~9,铀和钍则以氢氧化物形式沉淀。

2)硫酸盐共晶沉淀除镭:在有硫酸根离子存在的情况下,向除铀、钍后的废水中加入浓度 10% 的氯化钡溶液,使其生成硫酸钡沉淀,同时镭亦生成硫酸镭并与硫酸钡形成晶沉淀而析出。

3)高分子絮凝剂除悬浮物:放射性废水除去大部分铀、钍、镭后,加入 PAM(聚丙烯酰胺)絮凝剂,经充分搅拌,PAM 絮凝剂均匀地分布于水中,静置沉降后,可除去废水中的悬浮物和胶状物以及残余的少量放射性元素,使废水呈现清亮状态,达到排放标准。

（二）物理治理技术

1.调节。从工业企业和居民区排出的污水,其水量和水质都是随时间而变化的。为了保证后续处理构筑物或设备的正常运行,需对污水的水量和水质进行调节。调节水量和水质的构筑物称为调节池。酸性废水和碱性废水在调节池内进行混合,可达到中和的目的;短期排出的高温废水也可用调节的办法来平衡水温。

（1）调节池的构造:使用较多的是一种对角线出水的调节池。这种形式调节池的特点是出水槽沿对角线方向设置,同一时间流入池内的废水,由池的左、右两侧,经过不同时间流到出水槽。即同一时间、同一地点出水槽中的废水,是在不同时间流入池内的废水混合而成,其浓度都不相同,这就达到自动调节、均和的目的。

为了防止废水在池内短路,可以在池内设置纵向隔板。池内设置沉渣斗,废水中悬浮物在池内沉淀,通过排渣管定期排出池外。当调节池容积过大,需要设置的沉渣斗过多,则可考虑将调节池设计成平底。调节池有效水深为1.5 m~2 m,纵向隔板间距为1 m~1.5 m,当调节池采用堰顶溢流出水,则其只能调节水质;若后续处理构筑物要求同时调节水量时,则要求调节池的工作水位能上下自由波动,以贮存盈余,补充短缺。当处理系统为重力流,调节池出水口应超过后续处理构筑物最高水位,可考虑采用定量设备,以保持出水量的恒定;若这种方法在高程布置上有困难,可考虑设吸水井,通过水泵抽送。

（2）调节池的搅拌:为使废水充分混合和避免悬浮物沉淀,调节池需安装搅拌设备进行搅拌。

1）水泵强制循环搅拌:在调节池底设穿孔管,穿孔管与水泵压水管相连,用压力水进行搅拌。优点是简单易行,但动力消耗较多。

2）空气搅拌:在池底多设穿孔管,穿孔管与鼓风机空气管相连,用压缩空气进行搅拌。空气用量,采用穿孔管曝气时可取2 m³/[h·m(管长)]~3 m³/[h·m(管长)]或5 m³/[h·m²(池面积)]~6 m³/[h·m²(池面积)]。此方式搅拌效果好,还可起预曝气的作用,但运行费用也较高,当废水中存在易挥发性污染物时,可能造成二次污染。

3）机械搅拌:在池内安装机械搅拌设备。机械搅拌设备有多种形式,如桨式、推进式、涡流式等。此方法搅拌效果好,但设备常年浸于水中,易受腐蚀,运行费用也较高。

2.格栅与筛网。

（1）格栅：由一组平行的金属栅条制成的框架，斜置在进水渠道上，或泵站集水池的进口处，用以拦截污水中大块的呈悬浮或飘浮状态的污物。

在水处理流程中，格栅是一种对后续处理设施具有保护作用的设备，尽管格栅并非废水处理的主体设备，但因其设置在废水处理流程之首或泵站进口处，位属咽喉，相当重要。

根据格栅上所截留的污物的清除方法，分为两类：①人工清除的格栅。在中小型城市生活污水处理厂或所需要截留污物量较少时，一般均设置人工清理的格栅。这类格栅用直钢条制成，按 50°～60°倾角安放，这样可增加有效格栅面积40%～80%，而且便于清洗和防止因堵塞而造成过高的水头损失。②机械清除的格栅。在大型污水处理厂、污水和雨水提升泵站前均设置机械清除格栅。格栅一般与水平面成60°～70°角，有时成90°角安置。格栅除污机传动系统有电力传动、液压传动及水力传动三种。我国多采用电力传动系统。

（2）筛网：毛纺、化纤、造纸等工业废水含有大量的长约 1 mm～20 mm 的纤维类杂物。这种呈悬浮状的细纤维不能通过格栅去除。如不清除，则可能堵塞排水管道和缠绕水泵叶轮，破坏水泵的正常工作。这类悬浮物可用筛网去除，且具有简单、高效、不加化学药剂、运行费用低、占地面积小及维修方便等优点。

筛网通常用金属丝或化学纤维编制而成，其形式有转筒式筛网、水力回转式筛网、固定式倾斜筛网、振动式筛网等多种。目前大量用于废水处理或短小纤维回收的筛网主要有两种：①振动式筛网。污水由渠道流在振动筛网上，在这里进行水和悬浮物的分离，并利用机械振动，将呈倾斜面的振动筛网上截留的纤维等杂质卸到固定筛网上，进一步滤去附在纤维上的水滴。②水力回转式筛网。运动筛网呈截顶圆锥形，中心轴呈水平状态，锥体则呈倾斜方向。废水从圆锥体的小端进入，水流在从小端到大端的流动过程中，纤维状污染物被筛网截留，水则从筛网的细小孔中流入集水装置。由于整个筛网呈圆锥体，被截留的污染物沿筛网的倾斜面卸到固定筛上，以进一步滤去水滴。这种筛网的旋转动力依靠进水的水流作为动力，因此在水力筛网的进水端一般不用筛网,而用不透水的材料制成壁面,必要时还可在壁面上设置固定的导水叶片,但需注意不可因此而过多地增加运动筛的重量。另外原水进水管的设置位置与出口的管径亦要适宜,以保证进水有一定的流速射向导水叶片,利用水的冲击和重力作用产生运动筛网的旋转运动。

3.沉淀。沉淀是利用水中悬浮颗粒的可沉降性能,在重力作用下产生下沉作用,以达到固液分离的一种过程。因其简便易行,效果良好,应用非常广泛。在各种类型的污水处理系统中,沉淀几乎是不可缺少的工艺,而且在同一处理系统中可能多次采用。

(1)沉淀的类型:由于水质的多样性,悬浮颗粒在水中的沉淀,可根据其浓度与特性,分为四种基本类型:①自由沉淀。颗粒在沉淀过程中呈离散状态,其形状、尺寸、质量均不改变,下沉速度不受干扰。②絮凝沉淀。颗粒在沉淀过程中,其尺寸、质量均会随深度的增加而增大,其沉速亦随深度而增加。③拥挤沉淀(成层沉淀)。颗粒在水中的浓度较大时,在下沉过程中彼此干扰,在清水与浑水之间形成明显的交界面,并逐渐向下移动。④压缩沉淀。颗粒在水中的浓度增高到颗粒互相接触,互相支撑,发生在沉淀池底部。在此情况下,颗粒间隙中的水被挤出缝隙,而不是固体穿过水,该过程进行得很缓慢。

(2)沉淀池的类型及适用条件:沉淀池是分离悬浮物的一种常用处理设备。当用于生物处理中作预处理时称为初次沉淀池。设置在生物处理设备后时则称为二次沉淀池,是生物处理工艺中的一个组成部分。

按惯例,根据水流方向沉淀池可分为三种:①平流式沉淀池。污水从平流式沉淀池一端流入,按水平方向在池内流动,从另一端溢出,池呈长方形,在进口处的底部设有贮泥斗。②辐流式沉淀池。辐流式沉淀池的池表面呈圆形或方形,池水从池中心进入,澄清的污水从池周溢出,在池内污水也呈水平方向流动,但流速是变动的。③竖流式沉淀池。竖流式沉淀池的池表面多为圆形但也有呈方形或多角形的,污水从池中央下部进入,由下向上流动,澄清污水由池面或池边溢出。

沉淀池的结构按功能可分流入区、流出区、沉淀区、污泥区和缓冲层五部分。流入区和流出区的任务是使水流均匀地流过沉淀区;沉淀区即工作区,是可沉颗粒与水分离的区域;污泥区是污泥贮放、浓缩和排出的区域;缓冲层则是分隔沉淀区和污泥区的水层,保证已沉下颗粒不因水流搅动而浮起。

4.过滤。污水的过滤分离是利用污水中的悬浮固体受到一定的限制,污水流动而将悬浮固体抛弃,其分离效果取决于限制固体的过滤介质。

过滤池分离悬浮颗粒的过程涉及多种因素,其机理一般分为三类:①迁移机理。悬浮颗粒物脱离流线而与滤料接触的过程即迁移过程。引起颗粒迁移的原因有筛滤、拦截、沉淀、水力作用、布朗运动、惯性等。②附着机理。由于迁移过程而与滤料接触的悬浮颗粒附着在滤料表面不再脱离,即附着过程。引起颗粒附着的因素有接触凝聚、静电引力、吸附作用、分子引力等。③脱离机理。普通快滤池常用水进行反冲洗,有时先用或同时用压缩空气进行辅助表面冲洗。截留和附着于滤料上的悬浮物受到冲刷而脱落;滤料颗粒在水流中旋转、碰撞和摩擦而脱落使悬浮物脱落。

滤池的种类虽多,但基本构造类似。一般用钢筋混凝土建造,池内有入水槽、滤料层、承托层和配水系统;池外有集中管系,配有进水管、出水管、冲洗水管、冲洗水排出管等管道及附件。

滤池按滤料层的数目可分为单层滤料滤池、双层滤料滤池和三层滤料滤池。承托层必不可少,其作用为防止过滤时滤料从配水系统中流失,反冲洗时起一定的均匀布水作用。承托层一般采用天然砾石或卵石,粒度从 2 mm ~ 64 mm,厚度从 100 mm ~ 700 mm。

(三)化学处理法

化学处理法就是通过化学反应和传质作用来分离、去除废水中呈溶解、胶体状态的污染物或将其转化为无害物质的废水处理法。

1.中和。用化学方法去除污水中的酸或碱,使污水的pH值达到中性左右的过程称中和。

(1)中和法原理:当接纳污水的水体、管道、构筑物,对污水的pH值有要求时,应对污水采取中和处理。

对酸性污水可采用与碱性污水相互中和、投药中和、过滤中和等方法。其中和剂有石灰、石灰石、白云石、苏打、苛性钠等。对碱性污水可采用与酸性污水相互中和、加酸中和、烟道气中和等方法,其使用的酸常为盐酸和硫酸。

酸性污水中含酸量超过4%时,应首先考虑回收和综合利用;低于4%时,可采用中和处理。碱性污水中含碱量超过2%时,应首先考虑综合利用;低于2%时,可采用中和处理。

（2）中和法工艺技术与设备：对于酸、碱废水，常用的处理方法有酸性废水和碱性废水互相中和、药剂中和、过滤中和。

1）酸碱废水相互中和：酸碱废水相互中和可根据废水水量和水质排放规律确定。中和池水力停留时间视水质、水量而定，一般1 h～2 h；当水质变化较大，且水量较小时，宜采用间歇式中和池。

2）药剂中和：在污水的药剂中和法中最常用的药剂是具有一定絮凝作用的石灰乳。石灰作中和剂时，可干法和湿法投加，一般多采用湿式投加。当石灰用量较小时（一般小于1t/d），可用人工方法进行搅拌、消解。反之，采用机械搅拌、消解。经消解的石灰乳排至安装有搅拌设备的消解槽，后用石灰乳投配装置投加至混合反应装置进行中和。混合反应时间一般为2 min～5 min。采用其他中和剂时，可根据反应速度的快慢适当延长反应时间。

3）过滤中和：酸性废水通过碱性滤料时与滤料进行中和反应的方法叫过滤中和法。过滤中和滚筒为卧式，其直径一般1 m左右，长度为直径的6～7倍。由于其构造较为复杂，动力运行费用高，运行时噪声较大，较少使用。

2.化学混凝。混凝是水处理的一个十分重要的方法。混凝法的重点是去除水中的胶体颗粒，同时还要考虑去除COD、色度、油分、磷酸盐等特定成分。常用混凝剂应具备下述条件：①能获得与处理要求相符的水质；②能生成容易处理的絮体（絮体大小、沉降性能等）；③混凝剂种类少而且用量低；④泥（浮）渣量少，浓缩和脱水性能好；⑤便于运输、保存、溶解和投加；⑥残留在水中或泥渣中的混凝剂，不应给环境带来危害。

3.氧化还原。污水中的有毒有害物质，在氧化还原反应中被氧化或还原为无毒、无害的物质，这种方法称氧化还原法。

常用的氧化剂有空气中的氧、纯氧、臭氧、氯气、漂白粉、次氯酸钠、三氯化铁等，可以用来处理焦化污水、有机污水和医院污水等。

常用的还原剂有硫酸亚铁、亚硫酸盐、氯化亚铁、铁屑、锌粉、二氧化硫等。如含有六价铬（Cr^{6+}）的污水，当通入SO_2后，可使污水中的六价铬还原为三价铬。

按照污染物的净化原理，氧化还原处理法包括药剂法、电解法和光化学法三类，在选择处理药剂和方法时，应遵循下述原则：①处理效果好，反应产物无毒无害，最好不需进行二次处理；②处理费用合理，所需药剂与材料来源广、价格低;③操作方便,在常温和较宽的pH范围内具有较快的反应速度。

4.电解。基本原理就是电解质溶液在电流作用下,发生电化学反应的过程。阴极放出电子,使污水中某些阳离子因得到电子而被还原(阴极起到还原剂的作用);阳极得到电子,使污水中某些阴离子因失去电子而被氧化(阳极起到氧化剂作用)。因此,污水中的有毒、有害物质在电极表面沉淀下来,或生成气体从水中逸出,从而降低了污水中有毒、有害物质的浓度,此法称电解法,多用于含氰污水的处理和从污水中回收重金属等。

(四)生物处理法

在自然水体中,存在着大量依靠有机物生活的微生物。它们不但能分解氧化一般的有机物并将其转化为稳定的化合物,而且还能转化有毒物质。生物处理就是利用微生物分解氧化有机物的这一功能,并采取一定的人工措施,创造有利于微生物的生长、繁殖的环境,使微生物大量增殖,以提高其分解氧化有机物效率的一种污水处理方法。

1.活性污泥法。以废水中有机污染物为培养基,在充氧曝气条件下,对各种微生物群体进行混合连续培养而成的,细菌、真菌、原生动物、后生动物等微生物及金属氢氧化物占主体的,具有凝聚、吸附、氧化、分解废水中有机污物性能的污泥状褐色絮凝物。

活性污泥法主要构筑物是曝气池和二次沉淀池。由于有机物去除的同时,不断产生一定数量的活性污泥,为维持处理系统中一定的生物量,必须不断把多余的活性污泥废弃,通常从二沉池排除多余的污泥(称剩余污泥)。

活性污泥法经过长期生产实践的不断总结,其运行方式有了很大的发展,主要运行方式如下:

(1)普通活性污泥法:活性污泥几乎经历了一个生长周期,处理效果很高,特别适用于处理要求高而水质较稳定的污水。其缺点如下:排入的剩余污泥在曝气中已完成了恢复活性的再生过程,造成动力浪费;曝气池的容积负荷率低,曝气池容积大,占地面积也大,基建费用高等。因此限制了对某些工业废水的应用。

(2)阶段曝气法:又称逐步负荷法,是除传统法以外使用较为广泛的一种活性污泥法。阶段曝气法可以提高空气利用率和曝气池的工作能力,并且能够根据需要改变进水点的流量,运行上有较大的灵活性。阶段曝气法适用于大型曝气池及浓度较高的污水。传统法易于改造成阶段曝气法,以解决超负荷的问题。

（3）生物吸附法：吸附池和再生池在结构上可分建,也可合建。合建时,有机物的吸附和污泥的再生是在同一个池内的两部分进行的,即前部为再生段,后部为吸附段,污水由吸附段进入池内。

生物吸附法由于污水与污泥接触的曝气时间比传统法短得多,故处理效果不如传统法,BOD去除率一般在90%左右,特别是对溶解性较多的有机工业废水,处理效果更差。水质不稳定,如悬浮胶体性有机物与溶解性有机物的成分经常变化也会影响处理效果。

（4）完全混合法：是目前采用较多的新型活性污泥法,混合液在池内充分混合循环流动,进行吸附和代谢活动,并代替等量的混合液至二次沉淀池。可以认为池内的混合液是已经处理而未经泥水分离的处理水。完全混合法的特点如下：进入曝气池的污水能得到稀释,使波动的进水水质最终得到净化;能够处理高浓度有机污水而不需要稀释;推流式曝气池从池首到池尾的F/M值和微生物都是不断变化的,可以通过改变F/M值,得到所期望的某种出水水质。

完全混合法有曝气池和沉淀池两者合在一起的合建式和两者分开的分建式两种。表面加速曝气池和曝气沉淀池是合建式完全混合法的一种池型。完全混合法的主要缺点是由于连续进出水,可能会产生短流,出水水质不及传统法理想,易发生污泥膨胀等。

（5）延时曝气法：此法剩余污泥量理论上接近于零,但仍有一部分细胞物质不能被氧化,他们或随出水排走,或需另行处理。

延时曝气法的细胞物质氧化时释放出的氮、磷,有利于缺少氮、磷的工业废水的处理。另外,由于池容积大,此法比较能够适应进水量和水质的变化,低温的影响也小。但池容积大,污泥龄长,基建费和动力费都较高,占地面积也较大。所以只适用于要求较高而又不便于污泥处理的小型城镇污水和工业废水的处理。延时曝气法一般采用完全混合式的流型。氧化渠也属此类。

（6）渐减曝气法：是为改进传统法中前部供氧不足及后部供氧过剩问题而提出来的。它的工艺流程与传统法一样,只是供气量沿池长方向递减,使供气量与需氧量基本一致。具体措施是从池首端到末端所安装的空气扩散设备逐渐减少。这种供气形式使通入池内的空气得到了有效利用。

2.厌氧生物处理法。是在无分子氧条件下,通过厌氧微生物(包括兼氧微生物)的作用,将污水中的各种复杂有机物分解转化甲烷和二氧化碳等物质的过程,也称为厌氧消化。

利用厌氧生物法处理污泥、高浓度有机污水等产生的沼气可获得生物能,如生产1 t酒精要排出约14 m³槽液,每立方米槽液可产生沼气18 m³,则每生产1 t酒精其排出的槽液可产生约250 m³沼气,其发热量约相当于约250 kg标准煤,并提高了污泥的脱水性,有利于污泥的运输、利用和处置。

升流式厌氧污泥床(UASB)是第二代废水厌氧生物处理反应器中典型的一种。由于在UASB反应器中能形成产甲烷活性高、沉降性能良好的颗粒污泥,因而UASB反应器具有很高的有机负荷。

二、水环境修复

(一)湖泊生态系统的修复

1.湖泊生态系统修复的生态调控措施。治理湖泊的方法有:物理方法如机械过滤、疏浚底泥和引水稀释等;化学方法如杀藻剂杀藻等;生物方法如放养鱼等;物化法如木炭吸附藻毒素等。各类方法的主要目的是降低湖泊内的营养负荷,控制过量藻类的生长,均取得了一定的成效。

(1)物理化学措施:在控制湖泊营养负荷实践中,研究者已经发明了许多方法来降低内部磷负荷,例如,通过水体的有效循环,不断干扰温跃层,该不稳定性可加快水体与DO(溶解氧)、溶解物等的混合,有利于水质的修复;削减浅水湖的沉积物,采用铝盐及铁盐离子对分层湖泊沉积物进行化学处理,向深水湖底层充入氧或氮。

(2)水流调控措施:湖泊具有水"平衡"现象。它影响着湖泊的营养供给、水体滞留时间及由此产生的湖泊生产力和水质。若水体滞留时间很短,如在10 d以内,藻类生物量不可能积累。水体滞留时间适当时,既能大量提供植物生长所需营养物,又有足够时间供藻类吸收营养促进其生长和积累。如有足够的营养物和100 d以上到几年的水体滞留时间,可为藻类生物量的积累提供足够的条件。因此,营养物输入与水体滞留时间对藻类生产的共同影响,成为预测湖泊状况变化的基础。

为控制浮游植物的增加,使水体内浮游植物的损失超过其生长,除对水体滞留时间进行控制或换水外,增加水体冲刷以及其他不稳定因素也能实现这一目的。由于在夏季浮游植物生长不超过3 d~5 d,因此这种方法在夏季不宜采用。但是,在冬季浮游植物生长慢的时候,冲刷等流速控制方法可能是一种更实用的修复措施,尤其对于冬季藻青菌的浓度相对较高的湖泊十分有效。冬季冲刷之后,藻类数量大量减少,次年早春湖泊中大型植物就可成为优势种属。这一措施已经在荷兰一些湖泊生态系统修复中得到广泛应用,且取得了较好的效果。

2.陆地湖泊生态修复的方法。总体而言可以分为外源性营养物种的控制措施和内源性营养物质的控制措施两大部分。内源性方法又分为物理法、化学法、生物法等。

(1)外源性方法。

①截断外来污染物的排入:首先,对湖泊进行生态修复的重要环节是实现流域内废、污水的集中处理,使之达标排放,从根本上截断湖泊污染物的输入;其次,对湖区来水区域进行生态保护,尤其是植被覆盖低的地区,要加强植树种草,扩大植被覆盖率。目的是可对湖泊产水区的污染物削减净化,从而减少来水污染负荷。因为,相对于点源污染较容易实现截断控制,面源污染量大,分布广,尤其主要分布在农村地区或山区,控制难度较大;最后,应加强监管,严格控制湖滨带度假村、餐饮的数量与规模,并监管其废污水的排放。对游客产生的垃圾,要及时处理,尤其要采取措施防治隐蔽处的垃圾产生。规范渔业养殖及捕捞,退耕还湖,保护周边生态环境。

②恢复和重建湖滨带湿地生态系统:湖滨带湿地是水陆生态系统间的一个过渡和缓冲地带,具有保持生物多样性,调节相邻生态系统稳定,净化水体,减少污染等功能。建立湖滨带湿地,恢复和重建湖滨水生植物,利用其截留、沉淀、吸附和吸收作用,净化水质,控制污染物。同时能够营造人水和谐的亲水空间,也为两栖水生动物修复其生长存活空间及环境。

(2)物理法:①引水稀释。通过引用清洁外源水,对湖水进行稀释和冲刷。这一措施可以有效降低湖内污染物的浓度,提高水体的自净能力。这种方法只适用于可用水资源丰富的地区。②底泥疏浚。多年的自然沉积,湖泊的底部积聚了大量的淤泥。这些淤泥中富含营养物质及其他污染物质,如重金属,能为水生生物生长提供物质来源,同时通过底泥污染物释放也会加速湖泊的富营养化进程,甚至引起水华的发生。因此,疏浚底泥是一种减少湖泊内营养物质来源的方法。但施工中必须注意防止底泥的泛起,对移出的底泥也要进行合理安置处理,避免二次污染的发生。

（二）地下水的生态修复

1.传统修复技术。在处理地下水层受到污染的问题时,采用水泵将地下水抽取出来,在地面进行处理净化。一方面,取出来的地下水可以在地面得到合适的处理净化,然后再重新注入地下水或者排放进入地表水体,从而减少了地下水和土壤的污染程度;另一方面,可以防止受污染的地下水向周围迁移,减少污染扩散。

2.原位化学反应技术。微生物生长繁殖过程存在必需营养物,通过深井向地下水层中添加微生物生长过程必需的营养物和高氧化还原电位的化合物,改变地下水体的营养状况和氧化还原状态,依靠土著微生物的作用促进地下水中污染物分解和氧化。

第三节 土壤环境治理与修复

一、土壤治理探索

（一）土壤污染的预防治理

1.科学地进行污水灌溉。

(1)制定严格的污水灌溉指标:目前,中国污水灌溉中存在的首要问题是灌溉水质严重超标。为了控制污水灌溉引发一系列环境问题的进一步恶化,制定污水灌溉用水水质标准是十分必要的。在制定灌溉水质标准时,应从灌水后对土壤、作物及环境卫生的影响三大方面去考虑。同时要考虑作物种类、土壤类型(包括土壤质地和耕作方式)、土壤水分状况(如地下水深度)、气候条件(主要指降水)、灌溉水量、灌溉方式等因素。制定农业灌溉水质标准应包括悬浮物含量、有机污染物含量、重金属含量、病原微生物数量、盐分含量、营养物质(包括微量元素)含量等项目。由于中国幅员辽阔,仅仅依靠一套水质标准是不现实的,各地区还应该针对自己的实际情况制订相关的补充标准,对于不同的作物,如粮食作物、经济作物,还应分别制订不同的标准,为污水灌溉的管理提供更多的依据。

(2)污水灌溉的环境容量研究:污水灌溉对环境的影响是长期积累的过程。为了实现土壤的可持续发展,不仅要强调达标排放,还应考虑水体、土壤的承载能力。需要环保部门和农业部门加强合作,定期监测各排污点的废水总量、污染物种类及浓度,测试污灌区土壤的背景值,对照监测结果,计算农田的环境容量,然后再制定污染物目标总量,确定主要污染物的种类和消减指标,并分配到各排污点中去实行,以减少污染物的排放总量。

(3)污水处理及环境检测技术研究:研究不同污水水质的处理方法和工艺及与污水灌溉相适应的污水处理技术、污水灌溉农田水土环境评价指标体系及其监测技术手段。建立健全污水灌溉的监测系统,包括城镇排放监测。排污小流域水质断面监测,河道污水监测及污灌区土壤、作物及地下水监测。

在一些地区,污水灌溉已经成为解决水资源短缺的有效措施。但是利用污水灌溉应从实际情况出发,借鉴国内外先进的经验因地制宜。通过对污灌区制订合理的灌溉制度,调整种植结构,同时完善污水再利用的标准及相关规范体系。在对污水水质控制的基础上,根据土壤类型、作物种类提出不同的污灌方式,减轻对土壤及农作物的危害,合理地利用污水灌溉。

2.合理使用农药。

(1)利用综合防治系统减少农药用量:综合防治是一种科学合理地管理、控制病、虫、草害发生危害的系统。它把生物控制和有选择地使用化学农药等手段有效地结合起来,充分利用天敌防治这一自然因素,同时补充必要的人工因素,只是在病、虫、草害所造成的损失接近经济阈限时才使用农药,从而达到减少农药用量,获得最大防治效果,减轻环境污染的目的。

①植物检疫:是贯彻"预防为主,综合防治"方针的一项根本性措施,防止危险性病虫杂草种子随同植物及农产品传入国内和带出国外,称为对外检疫。当危险性病虫杂草已由国外传入或由国内一个地区传至另一个地区时,应及时采取有力措施彻底清灭。当国内局部地区已经发生危险性病虫杂草时,应立即限制、封锁在一定范围内,防止蔓延扩大,这两项内容称为对内检疫。

②物理防治:主要是利用各种物理方法来预测和捕杀害虫,这种方法具有经济、方便、有效和不污染环境的特点,可直接消灭病、虫、草害于大发生之前

或大量发生时期。例如,利用昆虫的趋光性安装黑光灯诱杀害虫等。

③生物防治:是综合防治系统的重要组成部分。在生产上常用的方法是利用自然界的各种有益生物或微生物来控制有害生物。生物防治还可以通过控制害虫繁殖使其自行消灭。利用性引诱剂来引诱同种动物,达到诱杀害虫的效果。

④化学防治:是利用化学药剂直接或间接地防治病、虫、草害的方法,其成本很低。化学试剂可以工业化生产,受地域性和季节性的限制少。现代化植保机械的发展和应用也可以充分发挥化学药剂的施用效率。因此,在当前和今后相当长的时期内,化学防治在综合防治中仍然占有极其重要的地位。

(2)农药的安全合理使用:首先要做到对症下药。使用品种和剂量因防治对象不同应有所不同。其次是适时、适量用药。应在害虫发育中抵抗力最弱的时期和害虫发育阶段中接触药剂最多的时期施用农药。同时,根据不同作物、不同生长期和不同药剂选择最佳施入剂量。

(3)开发新农药:高效、低毒、低残留农药是农药新品种的主要发展方向。如优良的有机磷杀虫剂硫磷、氨基甲酸酯类杀虫剂呋喃丹和拟除虫菊酯等农药,可取代六六六、DDT等对土壤污染大的农药品种。

环境和植物保护工作者对农药在土壤中残留时间长短的要求不同。从环境保护的角度来看,各种化学农药的残留期越短越好,以免造成环境污染,进而通过食物链危害人体健康。但从植物保护角度来看,如果残留期太短,就难以得到理想的杀虫、治病、灭草的效果。因此,对于农药残留期问题的评价要从防治污染和提高药效两方面考虑。最理想的农药应为:毒性保持的时间长到足以控制其目标生物,而又衰退得足够快,以致对非目标生物无持续影响,不使环境遭受污染。

(4)利用生物技术降解农药残留:近年来,随着分子生物技术研究的深入发展,微生物的降解作用亦得到了长足的发展,许多科研工作者通过富集培养、分离筛选等技术已经发现了很多能够降解农药的微生物。已发现降解单胞菌等假单胞菌属微生物,地衣芽孢杆菌、蜡状芽孢杆菌等芽孢杆菌属微生物,华丽曲霉、鲁氏酵母菌等真菌微生物;降解拟除虫菊酯类农药的主要是产碱菌属的微生物;降解有机氯农药的主要菌株有芽孢菌属、无色杆菌属和假单胞菌属。

微生物降解农药的作用机理主要是通过其分泌酶的代谢来完成,本质都是酶促降解,主要途径有氧化、还原、水解、环裂解、缩合、脱卤、脱羧、甲基化等。

3.合理使用化肥。

(1)普及科学平衡施肥技术,减少化肥用量:需在测土的基础上按作物需要配方,再按作物吸收的特点施肥,并不是仅靠花费的配置结构就能奏效的。因此,需要社会良好的技术服务与使用者的良好科技素质相结合才行。施肥技术不当,表现在轻视底肥,重视追肥,撒肥和追肥期不当,这些是形成化肥损失、肥效降低的重要原因。为防止化肥的污染,应因土、因作物施肥,以减少流入江河、湖及地下水的化肥数量。

(2)有机肥和无机肥混合施用:施用有机肥不仅能改良土壤结构,提高作物的抗逆性,提高土壤的净化能力,同时还能补充土壤的钾、磷和优质氮源,如植物可直接利用的氨基酸。特别是受到重金属污染的土壤,增施猪类、牛类等有机肥料可显著提高土壤钝化重金属的能力,从而减弱其对作物的污染。另外,需要指出的是,在含汞超过 159 mg/kg 的土壤中施用有机肥和磷肥,有利于土壤对汞的固定,在不同程度上降低糙米的含汞量。

(3)合理灌溉,减少化肥流失:灌溉技术的优劣与化肥流失关系很大,中国的灌溉技术以传统的地面漫灌为主,并在向管道灌溉、滴水灌溉等节水灌溉技术过渡,其中水的利用率与化肥的流失率相关。地面漫灌引起土壤化肥流失的量非常大。

(4)利用生物技术,提高化肥能效:随着农户种植模式转变、施肥用药习惯的转变,农作物生产中出现了许多新问题。为了应对新问题,用户将注意力转向了微生物肥料产品。微生物肥料是指含有特定微生物活体的制品,应用于农业生产,通过其中所含微生物的生命活动,增加植物养分的供应量或促进植物生长,提高产量,改善农产品品质及农业生态环境。

目前,微生物肥料包括微生物接种剂(微生物菌剂)、复合微生物肥料(菌肥)、生物有机肥(菌肥)三类。在使用过程中,微生物肥料在提高土壤生物肥力、防控根部病害、提高产品品质方面作用显著。

微生物的生命活动,除了会分解土壤中难溶及被固定的元素,增加营养元素的供应量,利用自然界的物质转化为植物生长所必需的物质,促进作物产量提高外,还能产生植物生长刺激素和拮抗某些致病微生物的作用,可减轻作物病虫害的发生。

4.土壤污染的防治。

(1)控制和消除土壤污染源是防止污染的根本措施:控制土壤污染源,即控制进入土壤中污染物的数量和速度,使其在土体中缓慢地自然降解,以免产生土壤污染。具体而言:首先大力推广清洁工艺,以减少或消除污染源,对工业"三废"及城市废弃物必须处理与回收,即进行废弃物资源化。对排放的"三废"要净化处理,控制污染物的排放数量和浓度。其次要控制化学药品的使用,禁止或限制使用剧毒、高残留农药,发展高效、低毒、低残留农药,大力开展微生物与激素农药的研究。另外,可采用含有自然界中构成生物体的氨基酸、脂肪酸、核酸等成分的农药,它们容易被分解。探索和推广生物防治病虫害的途径,开展生物上的天敌防治法。最后要合理地使用化学肥料,要合理地使用硝酸盐和磷酸盐等肥料,避免因过多使用造成土壤污染。

(2)增加土壤环境容量,提高土壤净化能力:通过增加土壤有机质含量,砂掺黏土可改良砂性土壤,增加或改善土壤胶体的性质,增加土壤对有毒物质的吸附能力和吸附量。分析、分离或培养新的微生物品种以增加微生物对有机污染的降解作用也是提高土壤净化能力极为重要的一环。施用化学改良剂包括抑制剂和强吸附剂。一般施用的抑制剂有石灰、磷酸盐和碳酸盐等。它们能与重金属发生化学反应而生成难溶化合物以阻碍重金属向作物体内转移。施用强吸附剂可使土壤中农药分子失去活性,也可减轻农药对作物的危害。

(3)控制氧化还原条件能减轻土壤重金属的危害:根据研究,在水稻抽穗到成熟期,无机成分大量向穗部转移。淹水可明显地抑制水稻对镉的吸收,落干则能促进镉的吸收,糙米中镉的含量随之增加。镉、铜、铅、汞、锌等重金属在pH值较低的土壤中均能产生硫化沉淀物,可有效地减少重金属的危害。但砷与其他金属相反,在pH值较低时其活性较大。

(4)改变耕作制度和土壤环境条件可消除某些污染物毒害:如对已被有机氯农药污染的土壤,可通过旱作改水田或水旱轮作的方式予以改良,使土壤中有机氯农药很快的分解排除。若将棉田改为水田,可大大加速DDT的降解,一年左右可使DDT基本消失。

(二)土壤污染与治理技术

1.奈安生物技术——"重金属固化剂"。重金属固化剂的主要成分是γ-聚谷氨酸(γ-PGA),是通过微生物聚合生产出来的一种高分子的聚合物。它的分子链上有大量的游离羟基,对 Pb^{2+}、Cd^{2+}、Hg^{2+}、AS^{2+} 等重金属有极佳的螯合效果,可在短时间内形成不溶性、低水量的重金属化合物,起到解毒的作用,降低土壤和作物体内的重金属毒性。这种高分子的聚合物能在常温和宽的pH条件范围内进行,不受重金属离子浓度高低的影响。

有毒重金属元素,像铅(原子量207)、镉(原子量112)、汞(原子量200)、铊(原子量204)等,都是原子量大的金属元素。这类原子外圈具有许多空价轨域,提供许多可让"负电荷基团"吸附上去的集合点,而γ-PGA就像一个巨大的火球,上面有约4000个负电荷基团,因此可在多点结合的情况下,γ-PGA基团上这些众多的负电荷纷纷吸在重金属离子外圈的空价轨域上面,可将重金属离子絮凝包藏下来。例如,重金属铅,它的原子量是207,这样的原子量可以被植物的根毛所吸收,但它被γ-PGA的40万的分子量(4000个负电荷基团的分子量是40万)吸附后,这40万大分子是无法被根毛吸收的,所以就被固定在土壤中,在土壤中被钝化。

目前重金属固化剂已在小麦、水稻、小米、枸杞、山药、蔬菜等作物上广泛示范和推广,结果均显示,重金属固化剂固化土壤重金属、减少作物体内重金属含量效果显著。

2.利用生物技术降解农药残留。生物技术是人类20世纪的巨大成就之一。利用生物技术手段治理环境污染无疑为人类解决环境问题提供了又一新的选择,为彻底解决环境污染问题提供了新的途径。生物整治可在污染现场处理污染土壤或污染水体,最大限度地降低污染物浓度,环境负面影响小。利用微生物及其产生的降解酶进行土壤和水体中农药的去除与净化是治理农药污染的有效方法,是生物治理中最简单、最安全,成本最低的。当前,降解菌和降解基因资源的收集是环境生物技术的一个重要研究方向。

(三)土壤污染治理需要注意的问题

1.政府在土壤治理中的职责。

(1)政府的本质属性决定了政府应该承担责任:政府承担污染治理责任是政府公共管理的本质属性的体现。政府作为人民权力的授予者和执行者,应按照社会的共同利益和人民的意志制定与执行公共决策。在现代社会里,创建和谐社会是政府决策的一大目标和宗旨。和谐社会不仅包括人与人的和谐,还包括人与自然的和谐,维护自然生态环境的和谐、有序、稳定的可持续发展也应成为政府职责的重要组成部分。土壤污染由于其隐蔽性、长期性和不可逆性等特点,一旦发生污染,必然会对当代人以及后代人产生严重的后果,不利于土壤资源的可持续利用。为了避免这一后果,政府基于其地位和职责,应当承担起防治污染,保护土壤环境的责任。

(2)政府承担责任是"预防为主,防治结合"原则的客观要求:预防为主原则的形成是人类同环境污染和生态破坏做斗争的经验总结。自从世界环境与发展大会可持续发展观念的提出,各国的环境保护战略发生了根本性的转变,改变了"先污染后治理"的经济发展模式,而由"末端控制"转向"源头控制",推行清洁生产机制,由对污染物产生后的排放限制或废物产生后的处理等方面的控制,转向注意对污染的源头控制。"预防为主,防治结合"原则推动了清洁生产机制的发展,同时也要求相关环保产业的迅速发展,加强对污染的预防和治理,减少污染源的排放,这些都需要政府行政手段的干预。中国的土壤污染涉及范围广,治理难度大,更需要政府贯彻预防为主的原则,制定严格的污染物排放标准和技术规范,加强行政引导与管理,强调政府在制定发展规划,利用土地资源时应充分考虑对环境的影响,注意对土壤资源环境的保护,维护土壤自身的自净和修复能力。目前治理污染的环保产业发展尚不理想,制约了"预防为主,防治结合"原则的实现。为了解决这一问题就必须发挥政府的作用,强化政府责任。

2.划定土壤污染区域。随着经济和城市化的快速发展,大量城市和工业污染物向农村和农业环境转移,加上化肥、农药的不合理施用,使土壤环境污染物种类和数量、发生的地域和规模、危害特点等都发生了很大变化。这对农业生产和食品安全以至人民身体健康危害极大,并将成为制约农业可持续发展的重大障碍。选择对农业生产和食品安全有重要意义的农业区域作为典型区域,进行土壤污染现状调查,对土壤的污染程度及其发展趋势进行重新评估和分析。调研内容主要包括:地区的自然条件(例如,母质、地形、植被、水文、气候等);地区的土壤性状(例如,土壤类型及性状特征等);地区的农业生产情况(包括土地利用、作物生长与产量情况,灌溉用水及化肥、农药使用情况等);地区污染历史及现状、现有工业和生活污染源情况;对土壤污染物(重金属、农药、有机物)残留情况进行检测分析。

通常污水灌溉区和常规农业生产区的重金属综合污染指数明显高于其他典型区域,这进一步表明污水灌溉和农药、化肥的不合理使用是土壤中重金属污染的主要来源。由于土壤重金属污染的不可逆性和不易修复性,加强对污水灌溉区的监测和管理、指导农民科学合理地施用化肥、农药已成为当务之急。持久性致癌有机物多环芳烃类在典型区域检出率均为100%。虽然目前其在土壤中的浓度还处于较低水平,但也表明土壤中虽然有机氯农药残留逐渐降低,但持久性有毒有害有机污染物却在不断积累,表明土壤污染向有机、无机复合污染的方向发展,土壤有机物污染具有潜在的高风险性。

3.加强国际多边合作。在经济高速发展的今天,对高效经济利益的追求无可厚非,但是与此同时也带来了污染问题。在农业方面主要体现在农药、化肥、兽药的过量使用和流失、水体富营养化的加重、酸雨对农业作物的危害等。例如,太湖水质的恶化就是水体富营养化的直接体现,使周围居民的饮水成为问题,同时也对太湖的渔业养殖构成灾难性的威胁。农业的污染一方面影响了农作物的产量和质量;另一方面也对人体的健康构成危害。

目前,中国农业集约化手段主要表现在大量使用化肥和农药以及单一的作物品种,农业的增产主要依赖物质的大量投入。因此,必须加强国际多边合作,建立起巩固的国际合作关系。对于广大的发展中国家发展经济、消除贫困,国际社会特别是发达国家要给予帮助和支持;对一些环境保护和治理的技术,发达国家应低价或无偿转让给发展中国家;对于全球共有的大气、海洋和生物资源等,要在尊重各国主权的前提下,制定各国都可以接受的全球性目标和政策,以便达到既尊重各方利益,又保护全球环境与发展体系。

4.提高土壤环境质量标准。近年来,随着中国农业地质环境调查工作的全面部署和实施,正在迅速获取以土壤为主,包括地表水、浅层地下水、沿海滩涂、浅海和湖泊底积物、重要农产品在内的多介质区域地球化学资料。以此海量资料为基础,开展农业地质环境评价,是实现农业地质环境调查,为农业、环境、生态、资源、人体健康等多学科研究、多领域应用服务,促进经济社会持续稳定发展的重要途径。土壤环境质量现状评价是农业地质环境研究的一项重要内容,不仅可以直接指导土地利用规划、土壤环境保护,而且也是污染土壤治理修复、土壤污染生态效应评价、地球化学灾害预测研究的基础。由于土壤系统物质组成、环境条件及其影响因素的复杂性,土壤环境质量评价是一项复杂的工程。科学、准确的评价标准是衡量土壤环境质量优劣的重要依据,也是开展相关工作的基础。

由于土壤具有一定的吸收容纳、降解自净污染物的能力,污染土壤对动植物和人体健康的危害作用表现为延滞性、间接性和潜在性。相对于水体、大气而言,长期以来人们对土壤污染问题关注不够,甚至将土壤作为处置堆积废弃物和有毒有害物质的理想场所,影响到土壤环境基准的研究和土壤环境质量标准的建立。总的来说,土壤环境质量标准的建立大大滞后于大气、水环境质量标准。土壤作为一种宝贵的自然资源,一旦受到污染,治理修复的难度很大,成本昂贵。因此,土壤环境的立法保护十分迫切和重要。

为科学合理地评价土壤环境质量,更加有效地保护和利用土地资源,迫切需要制定切合当地实际情况的土壤环境质量标准。土壤环境质量标准的制定是一项极其复杂的系统工程,长期以来相关学科领域研究取得的土壤环境容量、动植物和人体健康土壤基准值等成果资料,以及当前多目标地球化学调查正在取得的大量区域地球化学、土壤-农产品调查资料和研究成果,为地方性土壤环境质量标准的制定提供了基础性科学依据。

二、土壤污染修复技术

(一)土壤固化/稳定化技术

土壤固化/稳定化技术也称为土壤钝化技术,其原理是将受污染的土壤与反应性物质混合使其发生反应,并确保反应产物的机械稳定性和包裹污染物的固定。常见的土壤固化/稳定过程包括吸附、乳化、沥青化、玻璃化、改进的硫水泥化等。他们一般涉及开挖和处理或原位混合。值得注意的是,上述常见的固化/稳定化过程,以玻璃化为代表。

固化/稳定技术既可用于异位修复,也可用于原位修复。异位条件下,先挖出污染土壤,筛选去除大颗粒物,使其成为均匀体,最后加到混合器中。在混合器中,土壤与稳定剂添加剂以及其他化学试剂一起混合。充分混匀、处理后,土壤从混合器中排出。它是一种具有很大压缩强度、高稳定性、类似混凝土刚性结构的固结体。原位固化/稳定化系统则是利用机械混合器来进行混合和固化操作的。

近年来,污染土壤的原位固化/稳定化系统已经成为许多污染土壤应急处理的关键技术,根据工程经验,对于土壤或重金属污染深度超过30 m的场地,原位固化/稳定处理比异位处理更为节约和经济。

1.固化/稳定化技术解读。固化/稳定化(solidification/stabilization,S/S)技术通过物理或化学方式将土壤中有害物质"封装"在土壤中,降低污染物的迁移性能。该技术既能在原位使用,也能在异位进行。通常用于重金属和放射性物质的修复,也可用于有机污染物的场地。固化/稳定化具有快速、有效、经济等特点,在土壤修复中已经实现了工业化应用。

固化/稳定化技术包含了两个概念:固化是指将污染物包裹起来,使其成为颗粒或者大块的状态,从而降低污染物的迁移性能。可以将污染土壤与某些修复剂,如混凝土、沥青以及聚合物等混合,使土壤形成性质稳定的固体,从而减少了污染物与水或者微生物的接触机会;稳定化技术是将污染物转化成不溶解、迁移性能或毒性较小的状态,从而达到修复目的。使用较多的稳定化修复剂有磷酸盐、硫化物以及碳酸盐等。两个概念放在一起是因为两种方法通常在处理和修复土壤时联合使用。

玻璃化技术也是固化/稳定化技术的一种,是通过电流将土壤加热到1600℃～2000℃,使其融化,冷却后形成玻璃态物质,从而将重金属和放射性污染物固定在生成的玻璃态物质中,有机污染物在如此高的温度下可通过挥发或者分解去除对于固化技术,其处理的要求是:固化体是密实的、具有稳定的物理化学性质;有一定的抗压强度;有毒有害组分浸出量满足相应标准要求;固化体的体积尽可能小;处理过程应该简单、方便、经济有效;固化体要有较好的导热性和热稳定性,以防内部或外部环境条件改变造成固化体结构破损,污染物泄漏。

2.常用固化技术。

(1)水泥固化:水泥是一种硬性材料,是由石灰石与黏土在水泥窑中烧结而成,成分主要是硅酸三钙和硅酸二钙,经过水化反应后可生成坚硬的水泥固化体。

水泥固化是一种以水泥为基材的固化方法,最适用于无机污染物的固化,其过程是:废物与硅酸盐水泥混合,最终生成硅酸铝盐胶体,并将废物中有毒有害组分固定在固化体中,达到无害化处理的目的。常用的添加剂为无机添加剂(蛭石、沸石、黏土、水玻璃)、有机添加剂(硬脂肪丁酯、柠檬酸等)。水泥固化需满足一定的工艺条件,对pH、配比、添加剂、成型工艺有一定要求。

当用酸性配浆水配制水泥浆时,液相中的氢氧化钙浓度积减小,延迟氢氧化钙的结晶,水化产物更容易进入液相,加快水泥熟料的水化速率。游离的钙离子和硅酸根离子结合成水化硅酸钙凝胶,使水泥的微观结构更加紧密,提高了水泥宏观的抗压强度。中性的配浆水不会有上述作用,碱性的配浆水反而会阻碍熟料矿物水化,增加氢氧化钙的量,对水泥的宏观抗压强度产生不利的影响。水泥与废物之间的用量比,应实验确定,水与水泥的配比要合适,一般维持在0.25。加入添加剂,可以改性固化体,使其具有良好的性能,如膨润土可以提高污泥固化体的强度,促进污泥中锌、铅的稳定。控制固化块的成型工艺,是为了达到预定的强度。最终固化块处理方式不同,固化块的强度要求也不同,因而其成型工艺也不同。水泥固化处理前,需要将原料与固化剂、添加剂混合均匀,以获得满足要求的固化体。

水泥的固化混合方法主要有外部混合法、容器内部混合法、注入法三种。外部混合法是将废物、水泥、添加剂和水在单独的混合器中进行混合,经过充分搅拌后再注入处理容器中,其优点是可以充分利用设备,缺点是设备的洗涤耗时耗力,而且产生污水;容器内部混合法是直接在最终处置容器内进行混合,然后用可移动的搅拌装置混合,其优点是不产生二次污染物,缺点是受设备容积限制,处理量有限,不适用大量操作;注入法,对于不利于搅拌的固体废物,可以将废物置于处置容器当中,然后注入配置好的水泥。

(2)石灰固化:指以石灰、垃圾焚烧灰分、粉煤灰、水泥窑灰、炼炉渣等具有火山灰性质的物质为固化基材而进行的危险废物固化/稳定化处理技术。其基本原理与水泥固化相似,都是污染物成分吸附在水化反应产生的胶体结晶中,以降低其溶解性和迁移性。但也有人认为水凝性物料经历着与沸石类化合物相似的反应,即它们的碱金属离子成分相互交换而固定于生成物胶体结晶中由于石灰固化体的强度不如水泥,因而这种方法很少单独使用。

(3)塑新材料固化:①热固性塑料包容技术。利用热固性有机单体,如脲醛,与粉碎的废物充分混合,并在助凝剂和催化剂作用下加热形成海绵状聚合体,在每个废物颗粒周围形成一层不透水的保护膜,从而达到固化和稳定化的目的。它的原料是脲甲醛、聚酯、聚丁二烯、酚醛树脂和环氧树脂等,热固性塑料受热时从液态小分子反应生成固体大分子以实现对废物的包容,并且不与废物发生任何化学反应。所以固化处理效果与废物粒度、含水量、聚合反应条件有关。②热塑性塑料包容技术。利用热塑性材料,如沥青、石蜡、聚乙烯,在高温条件下熔融并与废物充分混合,在冷却成型后将废物完全包容。适用于放射性残渣(液)、焚烧灰分、电镀污泥和砷渣等。但由于沥青固化不吸水,所以有时需要预先脱水或干化。采用的固化剂一般有沥青、石蜡、聚乙烯、聚丙烯等,尤其是沥青具有化学惰性,不溶于水,又具有一定的可塑性和弹性,对废物具有典型的包容效果。但是,混合温度要控制在沥青的熔点和闪点之间,温度太高容易产生火灾,尤其在不搅拌时因局部受热容易发生燃烧事故。③自胶结固化。自胶结固化技术是利用废物自身的胶结特性而达到固化目的的方法。

(4)熔融固化(玻璃固化):熔融固化技术,也称作玻璃固化技术,该技术是将待处理的危险废物与细小的玻璃质,如玻璃屑、玻璃粉混合,经混合造粒成型后,在高温熔融下形成玻璃固化体,借助玻璃体的致密结晶结构,确保固化体永久稳定。

熔融固化法被用于修复高浓度POP污染的土壤,这项技术在原位和异位修复均适用,使用的装置既可以是固定的也可以是移动的。该技术是一个高温处理技术,它利用高温破坏POP,然后冷却降低了产物的迁移能力。熔融固化法原位处理技术可在两个设备中进行,即原位玻璃化(ISV)和地下玻璃化(SPV)。两个装置都是电流加热,融化,然后玻璃化。

处理时,电流通过电极由土壤表面传导到目标区域。由于土壤不导电,初始阶段在电极之间可加入导电的石墨和玻璃体。当给电极充电时,石墨和玻璃体在土壤中导电,对其所在区域加热,邻近的土壤熔融。一旦熔融后,土壤开始导电。于是融化过程开始向外扩散。操作温度一般为1400℃~2000℃。随着温度的升高,污染物开始挥发。当达到足够高的温度后,大部分有机污染物被破坏,产生二氧化碳和水蒸气,如果污染物是有机氯化物,还会产生氯化氢气体。二氧化碳、水蒸气、氯化氢气体以及挥发出来的污染物,在地表被尾气收集装置收集后进行处理,处理后无害化的气体再排放至大气。停止加热后,介质冷却玻璃化,把没有挥发和没有被破坏的污染物固定。

异位熔融处理过程又称为容器内玻璃化。在耐火的容器中加热污染物,其上设置尾气收集装置。热量由插在容器中的石墨电极产生,操作温度为

1400℃~2000℃。在该温度下,污染物基质融化,有机污染物被破坏或挥发。该过程产生的尾气进入尾气处理系统。

3.稳定化技术。通常稳定化技术与固定化技术一同使用。稳定化处理技术一般为药剂稳定化处理。药剂稳定化处理常见的有pH控制技术、氧化/还原电位控制技术、沉淀与共沉淀技术、吸附技术、离子交换技术、超临界技术等。对于有机污染物,常用的方法是添加吸附剂实现稳定化。吸附技术是用活性炭、黏土、金属氧化物、锯末、沙、泥炭、硅藻土、人工材料作为吸附剂,将有机污染物、重金属离子等吸附固定在特定吸附剂上,使其稳定。在治理过程中常用的吸附剂是活性炭和吸附黏土。

(1)活性炭:不仅能够降低污泥中有机物的溶出,还能提高废物中有机污染物的固化/稳定化。同时,再生活性炭也具有较强的固定作用,可选用低廉的再生活性炭作为固化/稳定化过程的吸附剂。

(2)吸附黏土:有机黏土有很强的吸附效果,可增强对有机污染物的稳定化作用,在含毒性废物的同化/稳定化过程中越来越广泛应用。目前,以有机黏土为添加剂的无机胶结剂固化/稳定化技术的主要研究对象包括苯、甲苯、乙苯、苯酚、3-氯酚等。有机黏土对有机污染物,尤其是非极性有机污染物具有较好的固定化效果,在含毒性废物的固化/稳定化技术中得到广泛应用。

(二)原位化学氧化技术

原位化学氧化技术(in-situ chemical oxidation,ISCO)通过向土壤中添加氧化剂,促使土壤中污染物分解成无毒或低毒的物质,从而达到修复目的。该技术既适用于不饱和区土壤修复,也适用于地下水的修复。化学氧化方法在氧化剂化学组成和使用方面的选择取决于污染物种类、数量、在地下的特征和中试实验结果。在加入氧化剂的同时,还需要使用稳定剂,以防止某些有机污染物挥发。常用的氧化剂有过氧化氢、Fenton试剂、臭氧以及高锰酸盐等。

该技术一般包括氧化剂加入井、监测井、控制系统、管路等部分。其中氧化剂的注入最为重要。使用不同氧化剂修复时,将氧化剂释放污染边界的方法很多。例如,氧化剂可以与催化剂混合再用注射井或喷射头直接注入地下,或者结合一个抽提回收系统(抽提井)将注入的催化剂进行回收并循环利用。

1.化学氧化技术的主要优缺点。化学氧化技术能够有效处理土壤及地下水中的三氯乙烯(TCE)、四氯乙烯(PCE)等含氯溶剂,以及苯系物、PAH等有机污染物,主要优缺点如下。

(1)优点:能够原位分解污染物;可以实现快速分解、快速降解污染物的效果,一般在数周或数月可显著降低污染物浓度;除Fenton试剂外,副产物较低;一些氧化剂能够彻底氧化MTBE;较低的操作和监测成本;与后处理固有衰减的监测相容性较好,并可促进剩余污染物的需氧降解;一些氧化技术对场地操作的影响较小。

(2)缺点:与其他技术相比,初期和总投资可能较高;氧化剂不易达到渗透率低的地方,致使污染物不易被氧化剂氧化;Fenton试剂会产生大量易爆炸气体,因此使用Fenton试剂时,需要应用其他预防措施,如联合SVE技术;溶解的污染物在氧化数周之后可能产生"反弹"现象;化学氧化可能改变污染物羽的区域;使用氧化剂时需考虑安全和健康因素;将土壤修复至背景值或者污染物浓度极低的情况在技术和经济上代价较大;由于与土壤或岩石发生反应,可能造成氧化剂大量损失;可能造成含水层化学性质的改变以及由于孔隙中矿物沉淀而造成含水层堵塞。

2.原位化学氧化修复对土壤的影响及注意事项。在运用化学氧化技术时,注入的氧化剂可能对生物过程起抑制作用。常用的氧化剂,如H_2O_2、MnO_4、O_3和S_2O_8都是强杀菌剂,在较低的浓度下,就能抑制或者杀死微生物,而且氧化剂引起的电位和pH改变也会抑制某些微生物菌落活性。根据经验,注入H_2O_2在增加生物活性方面饱受争议,因为H_2O_2具有较高的分解速率和微生物毒性,有限的氧气溶解度导致非饱和区O_2的损失,以及引起渗透率或少和过热等问题。

氧化剂对微生物活动潜在影响的研究可以采用短期氧化试验——混合土壤浆批处理反应堆和流通柱方法。这种实验方法可进行完全的液压控制并使氧化剂、地下蓄水材料和微生物群之间保持良好接触,从而了解氧化过程对微生物活性的抑制。实际情况往往比较复杂,这种实验不能完全表征在非理想条件和时间较长情况下ISCO对微生物的影响。

另外,氧化剂的存在对微生物的影响是长期的。研究表明,与单纯生物降解方法相比,长期连续使用H_2O_2做氧化剂使得多环芳烃和五氯酚降解得更快。在刚使用H_2O_2后,微生物群数量出现短期下降;但在一周后,数量又明显增长,并超过了使用前的数量。在大田实验中,将大量高浓度的H_2O_2注入其中,微生物的数量和活性都会降低,然而六个月后都会升高。研究人员在被三氯乙烯和顺-1,2-二氯乙烷污染的土壤和地下水中注入 $KMnO_4$(11000 gal,0.7%)并测量了前后微生物的变化。研究人员在注入两周后发现,地下水的氧化电位大于 800 mV,并且出现了能自行发育的厌氧异养菌、产烷生物和厌氧硫酸盐硝酸盐还原菌的种群,但这要比经过预氧化处理的水平低;注入三个月后,硝酸盐还原菌种群增加;注入六个月后,地下水的还原电位大约为 100 mV,MnO_4^-消失,需氧异养生物种群数量比经过预氧化处理的多几个数量级。在其他关于 $KMnO_4$ 的研究中,经过处理后,生物还原三氯乙烯的速率增加,且该地区的微生物结构没有变化。

由以上研究可见,ISCO 修复是否会影响土壤和地下水中微生物的活性目前还没有定论。简而言之:一方面,污染物被氧化可能导致土壤的含氧量增加。当使用 Fenton 试剂、过氧化物和臭氧时,地下水中的氧含量上升,将对生物降解过程产生积极作用;另一方面,有机物质构成的细菌也被氧化了,这是不利的。但是,经过 ISCO 修复之后,土壤中的生物并没有全部死亡,可能是由于氧化剂无法进入土壤中极小的孔隙,细菌仍能在此生存。

除了使土壤变得更加含氧之外,使用任何氧化剂都会形成酸,降低土壤和地下水的 pH。对于涉及氯代烃类的污染,会形成盐酸,降低 pH 的效应会更强烈。在低 pH 时,金属的活动性增加,对金属的作用产生不利影响。以上这些作用均需要考虑,尤其对于有机污染和重金属污染土壤。

对于氧化剂可能引起土壤渗透率方面的变化,实验室研究发现,氧化锰(也称为黑锰)的形成降低了土壤的渗透性。然而在实地应用高锰酸盐溶液(浓度高达 4%)时,却没有发现这一现象。在实地应用 Fenton 试剂时土壤渗透性增加,土壤渗透性的增加使氧化剂更好地分布在土壤中,但是在有机质含量高的土壤中,可能发生剧烈反应,使得土壤温度升高导致安全风险超出可接受范围。

综上所述,化学氧化修复前需要做以下几点工作:第一,充分掌握待修复区污染浓度最高的区域;第二,摸清并评价优先流的通道;第三,清理气体可能迁移或积累区域公用设施和地下室等;第四,确保在修复区域内无石油管线或储罐。

进行化学氧化修复时,应当考虑以下因素:第一,使用离子荧光检测器或离子火焰检测器(PID/FID)监测爆炸物的情况;第二,当使用 Fenton 试剂时,安装并使用土壤气体收集系统,直到没有危险时为止;第三,使用Fenton试剂时,安装并使用土壤气体收集系统,需在地下安装温度传感器。

密切监视修复区注入的过氧化氢和催化剂,根据土壤气体和地下水的分析结果调整其注入量。注意观察地下水的水压,尽量减少化学反应造成的污染扩张。

(三)植物修复法

1.植物修复基本概念。植物修复是经过植物自身对污染物的吸收、固定、转化与累积功能,以及为微生物修复提供有利于修复条件,促进土壤微生物对污染物降解与无害化的过程。广义的植物修复包括植物净化空气(如室内空气污染和城市烟雾控制等),利用植物及其根际圈微生物体系净化污水(如污水的湿地处理系统等)和治理污染土壤。狭义的植物修复主要指利用植物及其根际圈微生物体系清洁污染土壤,包括无机污染土壤和有机污染土壤。

植物修复技术由植物提取、植物稳定、根基降解、植物降解、植物挥发等组成。重金属污染土壤植物修复技术在国内外首先得到广泛研究,国内目前研究和应用比较成熟。近年来,我国在重金属污染农田土壤的植物吸取修复技术一定程度上开始引领国际前沿,已经应用于砷、镉、铜、锌、镍、铅等重金属,并发展出络合诱导强化修复、不同植物套作联合修复、修复后植物处置的成套技术。这种技术应用的关键在于筛选出高产和高去污能力的植物,摸清植物对土壤条件和生态环境的适应性。近年来,国内外学者也开始关注植物对有机污染物的修复,如多环芳烃复合污染土壤的修复。虽然开展了利用苜蓿、黑麦草等植物修复多环芳烃、多氯联苯和石油烃的研究工作,但是有机污染土壤植物修复技术的田间研究还很少。

2.植物修复相关技术。

(1)植物提取技术:指种植一些特殊植物,利用其根系吸收污染土壤中的有毒有害物质并运移至植物地上部分,在植物体内蓄积直到植物收割后进行处理。收获后可以进行热处理、微生物处理和化学处理。植物提取作用是目前研究最多、最有发展前景的方法。

植物提取技术利用的是对污染物具有较强忍耐和富集能力的特殊植物,要求所用植物具有生物量大、生长快和抗病虫害能力强特质,并具对多种污染物有较强的富集能力。此方法的关键在于寻找合适的超富集植物并诱导出超富集体。环境中大多数苯系物、有机氯化剂和短链脂族化合物都是通过植物直接吸收除去的。

(2)植物稳定技术:指通过植物根系的吸收、吸附、沉淀等作用,稳定土壤中的污染物。植物稳定发生在植物根系层,通过微生物或者化学作用改变土壤环境,如植物根系分泌物或者产生的CO_2可以改变土壤pH。

植物在此过程中主要有两种功能:保护污染土壤不受侵蚀,减少土壤渗漏防止污染物的淋移;通过植物根部的积累和沉淀或根表吸持来加强土壤中污染物的固定。应用植物稳定原理修复污染土壤应尽量防止植物吸收有害元素,以防止昆虫、草食动物及牛、羊等牲畜在这些地方觅食后可能对食物链带来污染。

(3)根际降解技术:其主要机理是土壤植物根际分泌某些物质,如酶、糖类、氨基酸、有机酸、脂肪酸等,使植物根部区域微生物活性增强或者能够辅助微生物代谢,从而加强对有机污染物的降解,将有机污染物分解为小分子的CO_2和H_2O,或转化为无毒性的中间产物。

(4)植物降解技术:指植物从土壤中吸收污染物,并通过代谢作用,在体内进行降解。污染物首先要进入植物体,吸收取决于污染物的疏水性、溶解性和极性等。

(5)植物挥发性:是植物吸收并转移污染物,然后通过蒸发作用将污染物或者改变形态的污染物释放到大气中的过程。可用于TCE、TCA、四氯化碳等污染物的修复。

3.有机污染物的植物降解机理。植物主要通过三种机制降解、去除有机污染物,即植被直接吸收有机污染物;植物释放分泌物和酶,刺激根际微生物的活性和生物转化作用;植物增强根际矿化作用。

(1)植物直接吸收有机污染物:植物从土壤中直接吸收有机物,然后将没有毒性的代谢中间产物储存在植物组织中,这是植物去除环境中中等亲水性有机污染物(辛醇–水分配系数$1 gK_{ow}=0.5 \sim 3.0$)的一个重要机制。疏水有机化合物($1 gK_{ow} > 3.0$)易于被根表强烈吸附而易被运输到植物体内。化合物被吸收到植物体后,植物根对有机物的吸收直接与有机物相对亲脂性有关。这些化合物一旦被吸收,会有多种去向:植物将其分解,并通过水质化作用使其成为植物体的组成部分;也可通过挥发、代谢或矿化作用使其转化成CO_2和H_2O,

或转化成为无毒性的中间代谢物如木质素,存储在植物细胞中,达到去除环境中有机污染物的目的。环境中大多数BTEX化合物、含氯溶剂和短链的脂肪化合物都通过这一途径除去。

有机污染物能否直接被植物吸收取决于植物的吸收效率、蒸腾速率以及污染物在土壤中的浓度。而吸收率反过来取决于污染物的物理化学特征、污染的形态以及植物本身特性。蒸腾率是决定污染物吸收的关键因素,其又取决于植物的种类、叶片面积、营养状况、土壤水分、环境中风速和相对湿度等。

(2)释放分泌物和酶去除环境中的有机污染物:植物可释放一些物质到土壤中,以利于降解有毒化学物质,并可刺激根际微生物的活性。这些物质包括酶及一些有机酸,它们与脱落的根冠细胞一起为根际微生物提供重要的营养物质,促进根际微生物的生长和繁殖,且其中有些分泌物也是微生物共代谢的基质。

(3)根际的矿化作用去除有机污染物:根际是受植物根系影响的根—土界面的一个微区,也是植物—土壤—微生物与环境条件相互作用的场所。由于根系的存在,增加了微生物的活动和生物量。微生物在根际区和根系土壤中的差别很大,一般为5～20倍,有的高达100倍,微生物数量和活性的增长,很可能是使根际非生物化合物代谢降解的结果。而且植物的年龄、不同植物的根、有瘤或无瘤、根毛的多少以及根的其他性质,都可以影响根际微生物对特定有毒物质的降解速率。

微生物群落在植物根际区进行繁殖活动,根分泌物和分解物养育了微生物,而微生物的活动也会促进根系分泌物的释放。最明显的例子是有固氮菌的豆科植物,其根际微生物的生物量、植物生物量和根系分泌物都有增加。这些条件可促使根际区有机化合物的降解植物促进根际微生物对有机污染物的转化作用,已被很多研究所证实。植物根际的真菌与植物形成共生作用,有其独特的酶途径,用以降解不能被细菌单独转化的有机物。植物根际分泌物刺激了细菌的转化作用,在根区形成了有机碳,根细胞的死亡也增加了土壤有机碳这些有机碳的增加可阻止有机化合物向地下水转移,也可增加微生物对污染物的矿化作用。

4.植物修复技术的展望。

(1)深化植物修复机理:当前对植物修复机理的研究大多还处于实验现象

描述阶段,对机理的探讨带有猜测性。因此,迫切需要深入研究植物修复机理,尤其需加强研究植物体内和根际降解有机污染物的过程及机制。

（2）完善植物修复模型:当前的植物修复模型均基于较多假设,侧重于模拟植物吸收有机污染物的过程,较少涉及植物根际和植物体内对有机污染物的降解过程,适用范围不广。建立适用范围广的动态模拟整个植物修复过程（包括植物根系降解、体内代谢等）的模型具有重要的理论与实践意义。

（3）利用表面活性剂提高植物修复效率:表面活性剂可提高土壤中有机污染物的生物可给性,从而提高植物修复效率,但表面活性剂的最佳用量及如何减少其本身对植物和环境的影响等都有待进一步研究。

（4）加强复合有机污染植物修复研究:当前,植物修复研究大多针对单一有机污染物,但现实环境一般为复合有机污染,因此加强复合有机污染植物修复研究具有重要的现实意义。

（四）微生物修复法

微生物修复是通过生物代谢作用或者其产生的酶去除污染物的方式。土壤微生物修复可以在好氧和厌氧的条件下进行,但是更普遍的是好氧生物修复。微生物修复需要适宜的温度、湿度、营养物质和氧浓度。土壤条件适宜时,微生物可以利用污染物进行代谢活动,从而将污染物去除。然而土壤条件不适宜时,微生物生长较缓慢甚至死亡。为了促进微生物降解,有时需要向土壤中添加相应的物质,或者向土壤中添加适当的微生物。主要的微生物修复方式包括生物通风、土壤耕作、生物堆、生物反应器等。

微生物修复可分为原位和异位。原位土壤微生物修复是采用土著微生物或者注入培养驯化的微生物来降解有机污染物,强化方法有输送营养物质和氧气。异位土壤微生物修复是将土壤挖出,异位进行微生物降解。该法通常在三个典型的系统中进行:静态土壤反应堆、罐式反应器、泥浆生物反应器。静态生物反应堆是最普遍的形式,该方法将挖掘出的土壤堆积在处理场地,嵌入多孔的管子,作为提供空气的管道。为了促进吸附过程和控制排放,通常用覆盖层覆盖土壤生物堆。

参考文献

[1]陈天明,李娜,韩香云.环境影响评价[M].北京:科学出版社,2022.

[2]郭苏建,方恺,周云亨.环境治理与可持续发展[M].杭州:浙江大学出版社,2020.

[3]金民,倪洁,徐葳.环境监测与环境影响评价技术[M].长春:吉林科学技术出版社,2022.

[4]王海萍,彭娟莹.环境监测[M].北京:北京理工大学出版社,2021.

[5]王开德,李耀国,王溪.环境保护与生态建设[M].长春:吉林人民出版社,2022.

[6]徐静,张静萍,路远.环境保护与水环境治理[M].长春:吉林人民出版社,2021.

[7]殷丽萍,张东飞,范志强.环境监测和环境保护[M].长春:吉林人民出版社,2022.

[8]张彩云.绿色发展理念下构建多元参与的环境治理体系[M].北京:中国社会科学出版社,2023.

[9]张艳.环境监测技术与方法优化研究[M].北京:北京工业大学出版社,2022.

版权所有　侵权必究

图书在版编目（CIP）数据

环境监测与治理探索 / 葛红林，屈森虎，张喜艳著
. -- 湘潭：湘潭大学出版社，2024.1
　ISBN 978-7-5687-1393-1

　Ⅰ．①环… Ⅱ．①葛… ②屈… ③张… Ⅲ．①环境监
测-研究-中国②环境综合整治-研究-中国 Ⅳ.
①X83 ② X322

　中国国家版本馆CIP数据核字（2024）第043084号

环境监测与治理探索

HUANJING JIANCE YU ZHILI TANSUO

葛红林　屈森虎　张喜艳　著

责任编辑：刘文情
封面设计：张　波
出版发行：湘潭大学出版社
社　　址：湖南省湘潭大学工程训练大楼
电　　话：0731-58298960 0731-58298966（传真）
邮　　编：411105
网　　址：http://press.xtu.edu.cn/
印　　刷：长沙鸿和印务有限公司
经　　销：湖南省新华书店
开　　本：710 mm×1000 mm 1/16
印　　张：12
字　　数：212千字
版　　次：2024年1月第1版
印　　次：2024年1月第1次印刷
书　　号：ISBN 978-7-5687-1393-1
定　　价：60.00元